不受力的人生

允许一切发生的人最好命

何圣君　朱伊哲　著

机械工业出版社
CHINA MACHINE PRESS

"精神受力"是一种比喻性的表达，用来描述个体在精神上所承受的压力或负担。正如物理受力可以改变物体的状态，精神受力则会影响个体的心理状态和行为表现。本书致力于解决精神受力的问题，让你过上不受力的人生。

本书将深入探究精神受力的本质，剖析精神受力的八大根因，同时评估你目前的受力程度；探讨"不内耗、不焦虑、不讨好、不执著、不干预、不应激、不抱怨、不争辩"的八大人生态度，让你学会如何从日常的烦恼与压力中抽身；给出了生活中的十大受力场景，并带给你场景化的解决方案；提供了不受力人生的五大工具，帮助你在精神受力的情况下迅速觉察，提升情绪管理能力；探讨了不受力人生的支撑系统，从根部构筑内在坚固基石。

图书在版编目（CIP）数据

不受力的人生：允许一切发生的人最好命／何圣君，朱伊哲著. -- 北京：机械工业出版社，2024.10.
ISBN 978 - 7 - 111 - 76876 - 0

Ⅰ. B821 - 49

中国国家版本馆 CIP 数据核字第 2024KU0152 号

机械工业出版社（北京市百万庄大街 22 号　邮政编码 100037）
策划编辑：侯春鹏　　　　　　责任编辑：侯春鹏　刘　洁
责任校对：郑　婕　张　薇　　责任印制：刘　媛
唐山楠萍印务有限公司印刷
2024 年 11 月第 1 版第 1 次印刷
148mm×210mm・8.625 印张・157 千字
标准书号：ISBN 978 - 7 - 111 - 76876 - 0
定价：69.80 元

电话服务　　　　　　　　　　网络服务
客服电话：010-88361066　　　机工官网：www.cmpbook.com
　　　　　010-88379833　　　机工官博：weibo.com/cmp1952
　　　　　010-68326294　　　金书网：www.golden-book.com
封底无防伪标均为盗版　　　机工教育服务网：www.cmpedu.com

野马并非死于蝙蝠，而是死于狂怒。
精神受力的人如同被蝙蝠叮咬的野马。

野马并非死于蝙蝠，而是死于狂怒。精神受力的人如同被蝙蝠叮咬的野马。

——前言

　　若你跳脱至 64 亿公里外的星际宇宙，从那里眺望地球，你会发现即便是承载我们全部悲喜的这颗星球，亦不过是浩瀚宇宙中一抹"暗淡蓝点"。

——2.2 节

你值得被世界温柔以待，但这首先源于你对自己的温柔
与尊重。

——2.3 节

长期高标准，短期低要求。

——2.4 节

以平常心看世事，用钝感力过生活。

——3.6 节

不要畏惧阴影，因为它暗示着不远处有光。

——3.7 节

你的情绪是自己的自留地，而不是别人的跑马场。

你的情绪是自己的自留地，而不是别人的跑马场。

——5.1 节

用生命影响生命

泰戈尔《飞鸟集》

把自己活成一道光
因为你不知道
谁会借着你的光
走出了黑暗

请保持心中的善良
因为你不知道
谁会借着你的善良
走出了绝望

请保持心中的信仰
因为你不知道
谁会借着你的信仰
走出了迷茫

请相信自己的力量
因为你不知道谁会因为相信你
开始相信了自己……

愿我们每个人都能活成一道光
绽放着所有的美好

前　言

在广袤的非洲大草原上，有一种蝙蝠以吸食野马的血为生。它们像磁铁一样紧紧地附在野马身上，吸食它们的鲜血。野马无论如何狂怒、暴跳、狂奔，都无法摆脱它们。蝙蝠吸饱了血后便离开野马，而不少野马竟因不堪小小蝙蝠的折磨而最终死去。

然而，当动物学家去分析蝙蝠吸食的血量时，发现野马失血量其实极少，真正让野马失去活力甚至丢失性命的，其实是它自身的暴怒与狂奔。

这就是心理学上著名的"野马效应"。

人类虽然拥有灵智，能够理性思考，但我们的行为却常常被情感左右。每天一睁开眼睛，我们就开始和这个世界互动。发生在我们身边的种种事件，或大或小，有些也如同"吸血蝙蝠吸附在野马身上"一样压在心头，让我们的精神感受到种种压力。我在这本书里，称呼这种现象为"精神受力"。

事实上，吸血蝙蝠会用尿液标记位置，第二天晚上，它会回到同一个位置，找到野马身上的开放性伤口，继续它的"大餐"，而野马则又一次陷入"无能狂怒"之中。

那些让你感到精神受力的事情，也如同吸血蝙蝠一样侵扰不断，尽管实际上对你的直接伤害远没有你想象得那么大。

为什么你就是甩不掉这只"心中的蝙蝠"呢？你要如何才能把它赶走呢？

是的，这就是我写这本书的意义——让读到它的人过上不受力的人生。

本书将这样展开：

第1章，我会和你一起深入探究"精神受力"的本质，为你剖析导致精神受力的八大根源，同时，也会帮助你评估你目前的受力程度。

第2章主要探讨了"不内耗、不焦虑、不讨好、不执著、不干预、不应激、不抱怨、不争辩"的八种人生态度。让你学会如何从日常的烦恼与压力中抽身，和你一起用"轻装上阵"的生活哲学来应对八大"蝙蝠"。我会借助实际案例和心理练习，让你亲身体验如何应用这些即学即用的策略，来逐步减轻精神受力造成的负担，帮你找回内心的宁静与平衡。

第3章给出了我们工作与生活中的"十大受力场景"。在这些场景中，我会和你一起"亲临现场"，解决包括"在意别人的评价、忍不住和别人作比较、责任感过强、对失误介怀、对未来焦虑、总爱揣测别人的想法、遇到不公平的事情敢怒不敢言、职场中被边缘化、被领导 PUA[⊖]以及育儿理念与长辈严重冲突"十大难题。

　　第 4 章工具篇，是我亲测有效的秘密"武器库"，我会毫无保留地向你分享，让你也能和我一起，站在前人的肩膀上，使用科学和称手的工具，一起击退"蝙蝠"。

　　第 5 章，我会和你分享"不受力人生的支撑系统"，让你仿佛穿上一套全方位的盔甲，保护你在精神的旷野上自由驰骋，无惧风雨。

　　心不受力，才有能量！

　　接下来，就让我们走上这趟"精神不受力"之旅，一起唤醒体内本身具足的能量，变得通透、智慧、强大、舒畅。

何圣君

2024 年 10 月于上海

　　⊖　PUA（Pick up Artist，搭讪艺术家）在如今的应用场景和范围与其含义已不同，目前是指关系中的胁迫控制，一方刻意扭曲事实，以便实现对另一方的系统性支配。

目　录

(none)

01

第 1 章
精神受力的本质

1.1 你的精神之海为什么总在受力

我想引用网上很火的一段话作为开篇：

一个人想要一辈子"命好"，有一个秘诀：精神上不受力。
什么意思呢？

任何人无论对你，做了什么事，说了什么话，以及发生
任何事情，你都不太会难受，你依然每天投入到生活和事业
里。从有成就感的细节中，汲取力量和好心情。

……

一个人但凡精神上受力都"命苦"，因为你总活在别人
的眼光里，总是在为难和内耗自己。

※ 什么是精神受力

在物理学中，受力是指作用在一个物体上的外力或内力，
这些力可以改变物体的运动状态或引起形变。力是一个矢量，
具有大小和方向，遵循牛顿运动定律。例如，当你推一个箱
子，你施加给箱子的力可能会使其加速移动，这就是一种外
力的作用。

在静态情况下，物体受到的力会形成力的平衡，如重力与

支持力在垂直方向上的平衡，或静摩擦力与促发物体滑动的力在水平方向的平衡。物理学中的受力分析通常涉及识别作用在物体上的所有力，包括重力、摩擦力、支持力等，并通过公式如 $F = ma$（力等于质量乘以加速度）来计算力的大小。

而在本书的语境中，**"精神受力"则是一种比喻性的表达，用来描述个体在心理层面所承受的压力或负担。正如物理受力可以改变物体的状态，精神受力则会影响个体的心理状态和行为表现**。精神受力可以来源于生活中的各种挑战和压力源，比如工作压力、人际关系冲突、亲密关系、亲子关系、健康问题、人生变故等。

与物理学不同，精神受力的"大小"和"方向"并不易于量化，但它确实影响着个体的心理健康和生活质量。因此，虽然"精神受力"借用物理学术语来进行比喻，但实际上它形象地展现了个体在面对压力和挑战时的心理过程。

※ 精神受力的八大根源

精神之海的波动，往往源于我们内心的种种"受力"状态。下面，就让我们逐一分析，探求波澜背后的八大根源。

➡ 根源一：内耗——内心的自我斗争

言未出，结局已演千百遍；

身未动，心中已遇万重山；

行未果，假想苦难愁不展；

事已毕，过往仍在脑海悬。

你看，你的所有内耗，就仿佛一场永不落幕的内心剧场，帷幕落下又升起，主角始终是自己，观众亦是你自己。

在这内心世界的舞台上，每一句未出口的话语、每一个未做出的决定都化作千万种剧情，悲喜交加，轮番上演。你在心中预设了所有的掌声与嘘声，却忘了真正的舞台在那未曾涉足的外界，而非这方寸之间的自我围城。

你每一次的犹豫不决，都是对自我能量的一次无声消耗。

比如，你在向领导准备汇报一件事情前，脑海里可能会有各种各样负面的闪念：担心领导质疑你的想法、害怕自己的表达不够清晰、忧虑汇报的内容会被同事嘲笑或是担心自己的建议不会被采纳。这些担忧不断地在你的心中回响，让你在行动之前就已经陷入自我怀疑的漩涡。

这种内心的斗争，不仅消耗了你的精力，还可能让你在准备汇报的过程中分心，影响工作的质量和效率。即便最终完成了汇报的准备，你也可能仍然沉浸在那些假设的负面情境中，无法完全放松下来整理思路。或者你在汇报之后还在反复思考是否有更好的表述方式，是否应该采取不同的策略。

这种内耗不仅局限于工作场合，也同样存在于生活的方方面面。比如，在准备参加一个聚会时，你可能会担心自己的着装是否得体、会不会说错话、别人是否会喜欢你等。这些不必要的忧虑让你在活动开始之前就已经感到疲惫不堪，而活动结束后，你又会不断地回想是否有不当之处，而不是享受与人交流的乐趣。

这种内心的自我斗争就像一场无尽的战役，不断地在你的内心上演，消耗着你宝贵的能量。它让你在做每一个决定之前都倍感压力，而在每一次行动之后又陷入无尽的反思。

➡ 根源二：焦虑——对未来的"怕"

焦虑如同悬在头顶的达摩克利斯之剑，让你对未来充满了不必要的"怕"。那人为什么会焦虑呢？我们来看一个一针见血的回答：**焦虑最本质的原因在于，需求和真实拥有的无法——匹配，才华支撑不起野心，存款扛不过风险，整日抱怨空想却无力改变。**

你渴望成功，渴望被认可，渴望拥有足够的安全感，却常常在快节奏的社会洪流中，发现自己似乎总是慢了一步。比如，当看到同事去考了在职硕士，你也萌生了同样的念头，却没有充分考虑同事已经做好了详尽的规划和准备。相比之下，你仅仅是因为焦虑时"必须得做点什么"的"怕"，驱使你仓促行事。

又比如，在家庭生活中，你也可能会因为孩子的教育问题而感到焦虑。看到其他家长给孩子报了各种兴趣班和辅导班，你"怕"自己的孩子会落后，于是也盲目跟风，没有考虑孩子的兴趣和实际需求，最终导致孩子在繁重的学习任务中感到疲惫和厌倦。

是的，焦虑，不仅影响决策质量，消耗大量的精力和时间，还让你在追求目标的过程中变得迷茫和感到困惑。

➡ 根源三：讨好——失去自我的迎合

有一句话说得好：**对人要好，但不要讨好。**因为讨好所有人，最终受伤的总是自己。

在生活的画布中，每个人都是独特的一缕线，色彩各异，质地不同。但如果你试图将自己编织进他人的图案里，无异于放弃了自我独有的光彩，这是一种温柔却危险的自我牺牲——讨好，便是这样一种复杂的艺术，它以爱与理解为名，却常常让人在不知不觉间迷失了自我。

比如为什么你不敢直接拒绝别人？为什么你不敢释放自己的攻击性？为什么明明你讨厌别人给你发60秒的长语音微信，皱着眉头犹豫再三，拿起手机贴着耳朵，忍着听完别人对你提出的不合理要求，却最后在输入框里卑微地打上两个字：好的？

真正的关系建立，不是通过无底线的妥协与改变来实现的，而是基于相互之间真实自我展现后的深刻理解和接纳。正如树木不必为了靠近彼此而扭曲生长，人与人之间的连接也应该是在保持各自独立与完整的基础上，自然去发生交集的。

➡ 根源四：执著——完美主义的束缚

毕淑敏在《女心理师》中曾经写道："儿童时期的完美主义倾向将给一个人带来深重的灾难。做一个不完美的孩子需要勇气，一个不完美的孩子比完美的孩子更勇敢。"

完美主义，有没有套在你的心上？它起始于你对事物无瑕状态的渴望，却常常演变成一种苛求，不仅限于学业、工作，乃至日常生活中的每一个细节。

比如，你很早就渴望开始写作，但你担心自己的作品不够完美，会被别人嘲笑，于是拖延成了常态。你时常告诉自己："要么就不做，要做就要做到最好。"然而，这样的高标准最终导致的结果往往就是"不做"。

而做一个不完美的人，意味着要学会在跌倒后爬起，勇于展示自己的瑕疵与不足，这份勇气，远胜于那些永远生活在别人期望阴影下的"完美者"。

不完美，才最完美。

它是成长的痕迹，是尝试与创新的证明，它能教会你接受失败，从错误中汲取养分，进而变得更加坚韧与强大。

所以，真正的勇敢，不在于无懈可击的表现，而在于能够面对自己的脆弱，敢于暴露不足，并在此基础上不断超越自我。

➡ 根源五：干预——控制欲的副作用

德国心理治疗师海灵格曾说，**幸福的家庭都有一个共同点：家里没有控制欲很强的人。**

在这句话中隐藏着关于家庭与个人幸福的深刻哲理。控制欲，这个看似微不足道却威力巨大的情感漩涡，往往在不经意间侵蚀着家庭的和谐与成员间的亲密关系。

控制欲强的人，总会对未知有莫名的恐惧或是内心深处有强烈的不安全感，他们试图通过掌控一切来获得一种虚幻的安全感和满足感。

这种欲望体现在家庭中，可能表现为对孩子未来的过度规划、对伴侣日常行为的严密监督，甚至是对家庭决策的绝对垄断；强烈的控制欲体现在职场里，则是对任何不经自己手的事务都不放心，非得亲力亲为，才敢放过他人和自己。

对不确定性的恐惧驱使我们试图掌控一切，无论是对人还是环境。然而，控制欲往往适得其反，不仅增加了心理压力，让你的精神之海波澜四起，还可能破坏人际关系，从而让你陷入焦虑的恶性循环，导致精神进一步受力。

➡ 根源六：应激——过度反应的常态

成年人的崩溃，往往就在一个瞬间。 这些突发的情绪失控很可能会让人做出伤害自己或他人的行为，继而开启情绪应激模式。

应激，本是生物体为应对环境挑战而进化出的一种生存机制。适度的应激能够激发潜能，帮助我们集中注意力，迅速做出反应。但当生活中的压力源如潮水般不断涌来，超出了个体的承受能力时，应激反应便可能走向极端，演化成一种过度敏感、易于爆发的状态。这种情况下，一件微不足道的小事都可能成为压垮骆驼的最后一根稻草，触发一场情绪的海啸。

比如工作中遇到难题无法解决，你心烦意乱，合作方的一个小小失误也会让你忍不住大发雷霆；在家里看到孩子磨磨蹭蹭，就忍不住大喊大叫……

是的，在应激的状态下，快乐与悲伤、平静与愤怒之间的界限变得模糊不清。工作中的小挫折，可能引发一场对自我价值的全面质疑；家中的琐碎争执，也许转瞬之间升级为不可调和的矛盾冲突。**每一次情绪的过度释放，都是对心理能量的一次巨大消耗，留下的是更深的疲惫与自我怀疑。**

➡ 根源七：抱怨——消极情绪的循环

你经常挂在嘴边的话，可能就是你的信念和人生。

抱怨，如同一场悄无声息却又极具传染力的"流感"，将消极情绪的种子播撒在每一个心灵的角落。它始于你对不满现实的直接抒发，却往往在不知不觉间，将你困于一个自我强化的消极循环之中。在这循环里，每一次的抱怨不仅未能消解原有的不满，反而像回声一般，在内心深处激荡起更多的负面情绪，最终形成一个难以逃脱的漩涡。

抱怨的初始，往往是出于对现状的不接纳和期待落空的失望。工作中的不公平、人际关系的摩擦，甚至是天气的阴郁，都可能成为你抱怨的导火索。你通过言语的宣泄，试图寻找共鸣，减轻内心的负担。然而，当抱怨成为一种习惯，它便开始改变你的视角，让你的双眼只聚焦于世界的阴暗面，而忽视了阳光下的美好。

长期的抱怨还会重塑你的心态与行为模式，削弱你解决问题的能力，使你倾向于逃避而非面对挑战，渐渐地，你在心理上依赖于这种被动的发泄方式，而非积极寻求改变。这种心态的固化，不仅限制了个人成长的空间，还影响到你与他人的关系质量，导致人际关系的紧张和疏远。

抱怨不是办法。要知道，你只能同"现有"的世界合作，而不是同你想要的世界合作。

➡ 根源八：争辩——无休止的对抗

《道德经》里有一句话：信言不美，美言不信。善者不辩，辩者不善。

争辩，作为思想碰撞的火花，本是推动知识进步和社会发展的动力之一。然而，当争辩演变为无休止的对抗时，它就成了一种消耗，不仅消耗着参与者的时间与精力，更消磨了彼此的尊重与理解。在这样的对抗中，人们往往执著于证明自己观点的正确，而忘记了交流的初衷——增进共识、促进理解。

"信言不美，美言不信"，意味着真实而质朴的言语或许不那么悦耳动听，而那些过于华丽、修饰过度的言辞，往往掩盖了事实的真相。在争辩中，我们常常可以看到，为了说服对方，双方不惜使用各种修辞技巧，使得讨论偏离了问题的核心，变成语言技巧的较量。这种"美言"的堆砌，反而让真诚的交流变得困难重重。

"善者不辩，辩者不善"，则进一步揭示了争辩背后的道德考量。真正的善良之人，并不热衷于无休止的辩论，他们更倾向于以行动展示其理念，以包容和理解的态度去影响他人。相反，那些沉迷于争辩、总是试图压倒对方的人，往往忽略了对话的真正价值——即通过相互倾听与学习，达到心灵的共鸣与智慧的分享。**不论对方才智如何，你都不可能通过争辩去改变他的想法。在无休止的对抗中，即便赢得了辩论，也可能失去了人心。**

最后的话

精神之海的受力，是内心世界复杂互动的结果，是个人与周遭环境博弈的映射。它源自内心深处的斗争、对未来不确定性的焦虑、对他人的过度迎合、对完美的无尽追逐、对控制的渴望、情绪上的过度敏感、消极情绪的累积，以及无休止的观念对抗。

"不是风动，不是幡动，仁者心动。"—— 这不仅是禅宗的哲学，也是心灵世界的真实写照。外在世界的影响固然存在，但决定我们内心是否平静的，终究是我们如何看待这一切的动与静，如何在纷扰中找到那份不动如山的安宁。理解了精神受力的根源，我们便更接近于掌握自我，于世事变幻中，寻得一片不惊不扰的平静。

1.2 受力不会变成动力，只会变成"病例"

"欲戴皇冠，必先承其重。"

"故天将降大任于斯人也，必先苦其心志，劳其筋骨，饿其体肤。"

这些流传千古的箴言，或许曾在你心中激起豪情壮志，让你相信唯有历经磨难，方能成就非凡。

然而，我们往往误读了"承重"的真正含义，错将无休止的自我施压视为必经之路。你可能不知道，精神的重负并不等同于成长的催化剂，过度的受力非但无法铸就坚强，反而可能成为压垮骆驼的最后一根稻草。

是的，受力不会变成动力，只会变成"病例"。

八大根源造成的长期受力，引发的五大心理问题不可忽视。

※ 心理问题一：心力交瘁

大量的内耗和焦虑会让一个人变得心力交瘁。这主要体现在三个方面：

其一，**是持续的忧虑与紧张**。长期受力的人，内心常常被一种难以名状的忧虑笼罩，对未来可能出现的问题过度担心，即便当下并无实际威胁，这种紧张感也难以消散。日常生活中微小的变化或不确定性都能引起强烈的不安，导致持续的心神不宁和紧张状态——**过往难释，当下纷杂，未来纠结**。这是很多心力交瘁者的真实写照。

其二，**生理反应显著**。心力交瘁不仅仅是一种心理状态，还会引发一系列生理反应。比如，经常性的心跳加速、出汗、手颤、胃部不适、睡眠障碍等。多年前，我曾有一段时间，每天半夜两三点都会准时醒来，有时醒来后就再也无法入眠，直接导致第二天精力涣散。同时，这些身体上的不适会进一步加剧心理负担，形成一个恶性循环，让人感觉身心俱疲。

其三，**出现回避行为**。为了减轻内心的不安，许多人会开始回避可能触发焦虑的情境或活动，比如社交回避、拒绝承担新的工作项目等。这种回避行为虽然短期内可能带来暂时的缓解，但从长期来看，它限制了个人的发展空间，影响了社交、职业乃至个人兴趣的追求。

※ 心理问题二：讨好型人格

越是乞求，越是被推开，越不会被爱。这是一个负向回路。

由于你过度寻求认可，很可能会导致你过度在意他人的看法和评价，总是试图通过迎合他人的期望来获得认可和接纳。即使这意味着违背自己的意愿或牺牲个人利益，你也愿意默默承受，只为求得外界的一丝赞许。

与此同时，讨好型人格的你，经常很难界定自己与他人的边界。当你频繁地说"是"时，当你想要拒绝却说不出口时，你内心的抗拒和说不出口的拒绝就会形成巨大的矛盾。是的，你害怕引起冲突，害怕失去他人的喜爱。这种模糊的边界意识会导致你的精力和情感被不断透支，长期下去，你会感到疲惫不堪且缺乏自我认同。

自我牺牲与压抑。在讨好行为的背后，是你对自我需求的长期压抑和忽视。你可能不记得上一次真正为了自己而做出决定是什么时候了，因为你已经习惯了幸福感和成就感都来源于外部反馈，而非内心的满足。这种长期的自我牺牲，不仅会积累大量未解决的情绪问题，还可能引发严重的自我价值感缺失。

※ 心理问题三：拖延症

由于完美主义倾向根植在你的心智深处，这种类型的"精神受力"会让拖延症成为一种看似自我保护，实则自我消耗的行为模式。

在这种行为模式中，你会害怕开始或完成任务，担心结果无法达到内心的高标准。这种对失败的恐惧，成为拖延的温床，使得你宁愿什么也不做，也不愿面对可能达不到预期的现实。

通过拖延任务，你的确可以获得片刻的轻松感，但实际上，这种逃避只是暂时的，且会因任务累积而加重心理负担，形成另一种形式的自我惩罚。

在精神受力下，你的决策能力也可能受损，面对需要抉择的任务时感到不知所措，难以迈出第一步。**你总想让别人替你做决定，或者期待某个外部因素能奇迹般地帮你解决问题**，但这种期望无异于空中楼阁。久而久之，这种"等待完美时机"或"需要更多准备"的心态会侵蚀你的主动性和创造力，让你在生活的洪流中随波逐流，失去了掌舵的方向。

是的，这种"决策瘫痪"状态，不仅延缓了任务的完成，随之而来的强烈自我责备和负罪感，还会进一步减少你的自信心和动力，为下一轮拖延埋下伏笔。长此以往，你将在自我批评与拖延之间来回摆荡，心理负担日益加重。

※ 心理问题四：向外求，向后看

当事情不顺心时，如果我们发现自己老是想控制一切，动不动就发火，一直抱怨或者跟人争论不休，其实就陷入了"向外求，向后看"的心理陷阱。此时，或许你的心里明明有个声音说，遇到坎儿得"向内求，向前看"，即通过自我反省，积极地看向未来。但由于长期精神受力，心理能量早已无以为继。

比如，有些人对身边人表现出强烈的控制欲，但这只是表象，它的底层逻辑其实是内心安全感的不足。为了对抗内心的不确定性和不安，一些人会本能地希望追求控制周遭环境和他人，以试图来稳定自己的情绪。这种控制欲最终不仅会影响人际关系，还可能导致他人的反感和逃避，加剧个人的孤立感。

应激反应也是同样的道理。面对日常生活中的小挫折或挑战，受力者可能会表现出过度的敏感或易怒，即便是一些微不足道的事情也能触发激烈的应激反应。这种过度的敏感不仅伤害了自身，同样让周围人感到无所适从，徒增人际关系、亲密关系或亲子关系的紧张感。

在长期的精神受力之下，很多人会倾向于习惯性地抱怨现状，将问题归咎于外界因素，以此作为释放内心不满的出口。同时，争辩也成为一种防御机制，用来证明自己的正确和价值，即便在非必要的场合也坚持己见，这不但消耗自身能量，身旁的人也会下意识地选择远离你。

※ 心理问题五：习得性无助

长期受力的最后一个，也是最致命的一个心理问题是：习得性无助。习得性无助，被称为"让人一事无成的魔鬼"。究竟什么是习得性无助？

1967 年，美国心理学家马丁·塞利格曼对狗进行过一个实验。实验人员把狗关进笼子里，只要蜂鸣器一响，就给狗施以电击。狗在笼子里躲避不了，只能发出呻吟。这个实验进行多次后，实验人员发现，只要蜂鸣器一响，哪怕笼子的门是开着的，狗也不逃跑，反而匍匐在地上，等待着电击的到来，默默承受痛苦。

1974 年，塞利格曼又以大学生为受试者，把电击换成了噪声。这次，实验人员把大学生分为 3 组。

第一组大学生只能默默忍受噪声，无论怎样努力都无法关闭噪声。第二组大学生也会听到噪声，但通过按一个装置的按钮 4 次可以关闭噪声。第三组为对照组，完全不受噪声影响。

之后，实验人员又安排三组大学生进行了"穿梭箱实验"——三组大学生全都能听到噪声，并得到一个带操作杆的箱子。结果发现，后两组大学生很快就学会了操作箱子装置来关闭噪声，而第一组大学生甚至都没有去尝试研究箱子，只选择默默忍受噪声污染。

塞利格曼提出，习得性无助会让卷入其中的人陷入三种缺陷：**动机缺陷、认知缺陷和情绪缺陷。动机缺陷是指受试者对摆脱消极情境的潜在方法缺乏反应；认知缺陷是指受试者认为他的环境是无法控制的；情绪缺陷是指当受试者处于他认为无法控制的消极情境时出现的抑郁状态。**

这一实验证实了习得性无助的存在。它特指一个人在经历了重大挫折后，面对问题时会产生一种无能为力的心态。哪怕可以主动逃避痛苦，明明依靠行动完全可以解决问题，他也会由于无助、抑郁或者自我评价低下而选择"躺平"，宁可承受痛苦，也不做任何改变。

一个人，一旦在长期精神受力之下，在持续经历挑战或困境中，这种"做什么都没用"的习得性无助状态便会悄然而生。

比如面对一个挑战，你会选择"不战而退"吗？

比如看不清未来，你会不由自主地产生"消极预期"吗？

比如面对生活、工作和学习，你会感到"动力丧失"吗？

是的，一个人，一旦陷入了"习得性无助"，不仅会在心理上直接宣告投降，更像是经历了一场心灵的冬眠，冻结了生机与希望。所以，**受力不会变成动力，只会变成"病例"**。

最后的话

上述列举的五大心理问题，诚然严峻，我深信你及你周围的人，多数离这些深渊还有一段距离。我之所以在这一小节揭示这一系列心理问题，是为了凸显长期精神受力之害，希望你能警醒觉察，而非沉溺其中。所以，无需恐慌，你所需要做的，只是尽可能去避免，勿让精神受力拖曳你进入无尽的长夜。

每一个挑战的背后，都有光明的出口；每一个难题，也都藏着解脱的秘径。面临八大精神受力的根源，我们并不缺策略。所以，请和我一起，在精神的泥泞中步步为营，从受力的束缚中抽离，重获心灵的清澈。

1.3 测一测，你现在的受力值是多少

现在，你已经知道了精神受力会造成严重的后果。那么，你目前的精神受力值到底是多少呢？这一节，我们就从精神受力的八大根源出发，来做一个自我测试，看看这些典型特征，你符合几条，你现在的受力值是多少？

※ 精神受力的典型特征

以下场景是你在日常生活中可能会遇到的 40 种情况，试想自己处于所描述的场景中，每种场景后面都描述了你可能会有的反应，请你以该反应是否会发生在自己身上为依据，对它们进行打分，其中 1 = 非常不符合，2 = 不太符合，3 = 有些符合，4 = 符合，5 = 非常符合。

1. 你们在工作中遇到了一个难题，团队中意见不一。

你会想：我得赶紧找到一个让大家都满意的解决方案。_____

2. 你计划好周末独自去图书馆学习一整天，早晨醒来发现外面下起了大雨。

你会想：这样的天气可能会影响我的出行，今天的学习效率恐怕会大打折扣。_____

3. 家庭聚餐时，你负责安排菜单，但你的配偶提出做一道你不擅长的主菜。

你会想：说服他/她选择一个我更熟悉的主菜，以免影响聚餐质量。_____

4. 在公司会议上，你有一个想法与多数人意见不同。

你会想：即便我的看法可能更有价值，也最好保持沉默，避免引起争议。_____

5. 在工作会议上，领导对你近期的工作成果提出了一些批评。

你会想：我得立刻解释清楚，每个细节都有其特殊原因，不能让领导误解我的努力和成果。_____

6. 早上醒来，你发现窗外在下雨。

你会想：这天气真是太糟糕了，又湿又冷，出门得多不方便。_____

7. 在一次团队会议上，你的观点遭到质疑。

你会想：必须立即列举更多事实和例证，证明我是对的。_____

8. 你在公交站等车，等了半个小时车还没有来。

你会想：这公交系统也太不靠谱了，每次都让人等这么久。_____

9. 朋友提议去一家你其实不太喜欢的餐厅共进晚餐。

你会想：只要他们高兴就好，我可以忍受一次不喜欢的食物。_____

10. 在一次自驾游中，朋友们提议走风景优美的小路，虽然比走高速公路耗时。

你会想：坚持走高速公路，确保按时到达目的地更重要。_____

11. 你在一条狭窄小路上开车，前方车辆行驶缓慢。

你会想：这个人开得太慢了，我得超车，不然会耽误我很多时间。_____

12. 家庭聚餐时，关于健康饮食的话题引发了分歧。

你会想：分享科学依据，强调我的饮食观念是正确的。_____

13. 工作日的早晨，手机闹钟没有响，你醒来时发现已经比平时晚了半小时。

你会想：今天肯定会迟到，老板和同事会怎么想我？这会影响我的工作评价吗？_____

14. 工作中，领导安排了一个超出你能力范围的任务。

你会想：无论如何都要完成，不能表现出自己做不到。_____

15. 在一个团队项目中，你明明有更好的方案，但领队提出了另一种策略。

你会想：还是按照领队说的做吧，免得显得我太自以为是。_____

16. 团队项目即将截止，一名组员的工作进度落后。

你会想：亲自介入，帮助他规划时间表，确保任务按时完成。_____

17. 当你准备提交一份工作报告前，你发现有一个标点位置不对。

你会想：必须立即返工检查全文，哪怕加班也要确保工作报告完美无缺。_____

18. 你和朋友约好见面，对方迟到了20分钟。

你会想：总是这样，一点时间观念都没有，让人白白等待。_____

19. 在社交媒体上你看到一篇与自己观点相左的文章。

你会想：留言反驳，指出文章中的逻辑漏洞。_____

20. 你被邀请参加一个需要发言的小型研讨会，距离会议开始只剩几天时间。

你会想：我还没有准备好演讲稿，万一讲不好怎么办？大家会不会觉得我不专业？_____

21. 聚会上，有人开了一个你觉得有点冒犯的玩笑。

你会想：笑一笑算了，何必扫大家的兴呢。_____

22. 在为朋友的生日派对布置现场时，你注意到一条彩带稍微歪斜。

你会想：这条彩带如果不调整，整个装饰效果就会大打折扣，我得重新贴好。_____

23. 孩子的学校作业需要家长辅助，但孩子的解题方法与你所学的不同。

你会想：引导孩子采用你认为更有效的方法，即便老师已认可他的解题方法。_____

24. 早晨起来你发现脸上长了一颗"青春痘"。

你会想：这太影响形象了，我得立刻找办法遮盖或治疗，不能让它影响一天的心情。_____

25. 朋友提出一个你不太认同的对社会现象的解读。

你会想：通过辩论，展示我的观点更全面深入。_____

26. 你与朋友相约健身，但身体状态不佳。

你会想：还是得去，不能让朋友觉得我不守信用。_____

27. 你和朋友约好了一起去看电影，但你临时得知一个重要客户需要紧急沟通。

你会想：如果不去处理客户的问题，可能会影响业务关系；但如果爽约，朋友会怎么想？_____

28. 在讨论组中，大家对一个话题热情高涨，而你对此并没有太多见解。

你会想：附和几句，假装自己也很感兴趣，免得显得不合群。＿＿＿＿＿＿＿

29. 写作过程中，你反复修改一句话的措辞，尽管它已经表达了核心意思。

你会想：只有找到最精准的表达方式，文章才能真正打动读者。＿＿＿＿＿＿＿

30. 你休假在家，邻居却在装修，噪声不断。

你会想：就不能挑个我不在家的时间装修吗？这样怎么休息啊！＿＿＿＿＿＿＿

31. 新买的电子设备操作起来不顺手。

你会想：我一定得立刻弄明白所有功能，不然这东西就浪费了。＿＿＿＿＿＿＿

32. 在健身房，器械区总是人满为患。

你会想：每次来都是这样，器材不够用，锻炼身体效率低。＿＿＿＿＿＿＿

33. 在读书俱乐部讨论时，成员对书中角色的评价与你相反。

你会想：通过书中的证据，证明我的解读更贴近作者的意图。＿＿＿＿＿＿＿

34. 你要为你负责的项目选择合适的物料，但每个选择似乎都不那么令人满意，这导致你无法做出决策，尽管你知道项目有一定的超期风险。

你会想：算了，先把这事放一放吧，实在找不到合适的材料。_____

35. 家里突然停电，影响了你正在进行的工作。

你会想：要尽快找到备用电源或解决方案，不能让工作进度受影响。_____

36. 家庭装修，你对设计师的方案不太满意。

你会想：主动提出自己的修改意见，确保每个细节符合期望。_____

37. 你看到新闻说某种食物可能不健康。

你会想：不能再吃了，我得马上清理冰箱，以后饮食上彻底避免这种食物。_____

38. 你在整理书架时，发现某些书籍的排列顺序不够理想。

你会想：书脊的颜色和高度都应该完美对齐，我需要重新调整。_____

39. 你家里的宠物生病了，需要送医治疗，但你当天还有几个重要的会议。

你会想：宠物的健康不能耽误，但错过会议又可能会错

失关键信息，两边都让人担心。_____

40. 在社交媒体上看到朋友们分享的精彩生活，你开始比较自己的生活状态。

你会想：我应该更加努力，让自己的生活看起来也同样精彩。_____

※ 精神受力的程度与类型

以上这份典型场景的量表的分数结果从40分到200分不等，如果你的分数为40~80分，表明你的精神受力程度较低；如果你的分数为81~120分，说明你的精神受力程度尚可；如果你的分数为121~160分，说明你的精神受力程度已经比较高；如果你的分数大于等于161分，则表明你的精神受力程度极高。

如前文所述，精神受力的八大根源，即内耗、焦虑、讨好、执著（完美主义）、干预（控制欲）、应激、抱怨、争辩。

在上述场景中，内耗涉及的场景分别是：1、14、26、35、40。

焦虑涉及的场景分别是：2、13、20、27、39。

讨好涉及的场景分别是：4、9、15、21、28。

完美主义涉及的场景分别是：17、22、29、34、38。

控制欲涉及的场景分别是：3、10、16、23、36。

应激涉及的场景分别是：5、11、24、31、37。

抱怨涉及的场景分别是：6、8、18、30、32。

争辩涉及的场景分别是：7、12、19、25、33。

你可以观察一下自己在哪种根源上的分数高于 16 分，说明你在该类型上的精神受力程度相对更高。

最后的话

在探索自我精神受力的旅程中，每一步反思都是自我认知的深化。了解自己在不同情境下的反应模式，不仅是对当前精神受力状况的诊断，更是成长与改变的起点。

每一个意识到的"受力"时刻，都是心灵向内探索的光亮，照亮通往自我理解与自我接纳的道路。在这个旅程中，愿你能逐步学会与自己和解，理解每一次情绪背后的深层需求，从内在的力量中汲取智慧，转化那些曾被视为负担的"受力"，使之成为生命中宝贵的磨刀石，雕刻出更加坚韧和强大的内心。

在自我觉察与成长的征途上，愿你勇敢前行，遇见更加从容自在的自己。

02

第2章
八种不受力的人生态度

2.1 不内耗：你才是自己人生的第一顺位

朋友约你周末出去见面，但你不想去，你怎么回答？

你刚从上一家公司跳槽，前东家就宣布大幅涨薪，你做何感想？

亲戚管你家借钱，但没说什么时候还，此时你会怎么办？

如果你会因上述任何一个场景感到为难、难受，我建议你停止内耗，不为不值得的人和事消耗自己。但我猜你一定会觉得"说起来容易，做起来难"，对不对？

所以，在此之前，你需要理解，内耗为什么会发生，以及内耗的本质究竟是什么？

※ 内耗的原因与本质

古罗马斯多葛学派哲学家塞涅卡（Lucius Annaeus Seneca）曾说：

"折磨我们的往往是想象，而不是真实。"

为什么朋友约你出去，会引起你的内耗呢？

这源于你对友情维系的过度担忧。你害怕拒绝会引发误会，担心朋友会因此认为你不重视这份友情，或是怕失去共同活动所带来的亲密感。这种内耗的背后是对人际关系脆弱性的恐惧，以及对个人决定可能带来负面后果的过度想象。你可能在心里反复权衡，是牺牲个人的意愿去满足对方的期待，还是坚持自我而面临可能的社交压力？

为什么前东家大幅涨薪，也会引起内耗呢？

因为这关乎自我价值的认同与对自己选择的质疑。你可能会感到后悔，怀疑自己是否做出了正确的跳槽决定，担忧自己是否错过了应得的利益，甚至质疑自己的职业判断能力。**这种内耗来源于对过去选择的遗憾、对未来的不确定性和对当下选择的不坚定，它让你在"假如当初"与"现在怎样"之间徘徊，消耗着精神能量。**

这就像张爱玲小说《红玫瑰与白玫瑰》里说的那样："也许每一个男子全都有过这样的两个女人，至少两个。娶了红玫瑰，久而久之，红的变成了墙上的一抹蚊子血，白的还是窗前明月光；娶了白玫瑰，白的便是粘在衣服上的一粒饭黏子，红的却是心口上的一颗朱砂痣。"

为什么借钱的明明是别人，却为何引起你的内耗呢？

这是因为人与人之间的关系复杂而微妙，尤其是涉及金钱时，更容易触动敏感神经。亲戚借钱没提还款期限，引发的内耗不仅仅是因为金钱本身，更多的是因为触及了信任、界限和公平感。你可能会担心直接提出还款条件会伤害亲戚感情，破坏家族和谐，这种顾虑背后是对亲情纽带和社会角色期望的尊重与维护。同时，你也可能在内心深处对自己设定的边界产生怀疑，犹豫是否应该为了保持表面的和平而选择隐忍。

内耗在这里体现为你在个人权益与维护家庭关系之间的艰难平衡，是"情"与"理"之间的拉扯。**你既不想成为冷漠无情之人，又不愿自己的善良被无休止地利用，这种内心的矛盾与挣扎，使你在维护自身利益与顾及亲情之间摇摆不定，消耗了大量的心力。**

所以，内耗的本质是内心冲突与能量的消耗。它源自你在面对外部环境与内部价值观、情感需求之间的不协调时，所产生的自我挣扎。这种挣扎不仅体现在对当下决策的犹豫不决，更深层次地反映了你在自我认同、价值取向、与人相处模式上的矛盾冲突。而在这些情境中，你不仅是在权衡具体的行动方案，更是在内心深处进行一场关于自我认同、自尊、价值实现与情感调和的深度对话。也正是这些内心的纠结与博弈，让你疲惫不堪，心力交瘁！

是的，真正让你内耗的从来都不是事情本身，而是你的执念与较劲。

※ 不内耗的强者思维：允许一切发生

钱钟书曾说：洗一个澡，看一朵花，吃一顿饭，假使你觉得快活，并非全因为澡洗得干净，花开得好，或者菜合你口味，主要因为你心上没有挂碍，轻松的灵魂可以专注肉体的感觉，来欣赏，来审定。

无所挂碍，也就是允许一切发生，这正是不内耗的强者思维。

马斯克说："我曾经也有很长一段时间都沉浸在负面情绪的泥沼中无法抽离，什么都没做就觉得自己疲惫不堪，会不断琢磨别人对我的看法和评价，敏感、自卑、焦虑几乎快把我淹没了……后来，我才发现，最重要的就是不要在意别人的看法，如果你把所有精力都放在自己身上，光是弄好自己，就耗费了大量的力气，哪还有剩余的时间和精力去在意别人呢……成大事之前，先研究自己就好了。所以，**人生的第一要事，就是把自己的感受放到第一位，当我们自身能量充足的时候，才有余力去爱别人和这个世界**。"

怎么来理解呢？我把它按照不同的等级，拆解为三个跨度四个境界。

从第一境界到第二境界：你有你的计划，世界另有计划！

科普作家万维钢曾说：你有你的计划，世界另有计划！这番话初听起来似乎带着一丝无奈，让人感觉生命之旅仿佛是一场不由自主的漂泊，人生在世，身不由己。然而，其深意在于启示我们：**人生舞台总有不期而遇的变数与惊喜，拥抱这份未知，正是智慧觉醒的起点。**

我们虽无法主宰世间万物，却能驾驭自我对无常的响应。学会在风雨交加中轻盈起舞，而非顽固抵抗，方能在逆境中汲取前进的动力，增强生命的韧性。

我们就来说说朋友约你周末出去见面，但你不想去的场景。这看似微不足道的"生活偏差"，实则是"你有你的计划，世界另有计划"的缩影。当"你的静谧时光"遭遇"世界的热闹邀请"，内心的涟漪便自然泛起。

但是没有关系，接纳自己的真实感受。意识到并承认自己当前并不想外出，这是尊重自我需求的第一步。**每个人都握有按自己的节奏生活的权利，无须因遵从内心而歉疚，这是成长的必经之路。**

随后，**沟通的艺术在于温柔而坚定。**

如果对方比较强势或敏感，你可能需要使用一点语言的艺术：

"真的很想去，但是最近身体太累了，周末需要好好休息一下，我找个更适合的时间再约你，好吗？"

如果对方是比较要好的朋友，你可直抒胸臆：

"太累了，不去了，求安慰。等我调整好状态，再聚好不好？"

这样的回答既表明了你的真实计划，又体现了你对友谊的珍视和对对方感受的考虑，减少了拒绝可能带来的误解和隔阂。

这个回答不难，对吧？如果你能做到，那很好，说明你的不内耗水平已经从**"不知所措，独自内耗"**的第一境界，抵达到**"日常小事，策略应对"**的第二境界。

从第二境界到第三境界：所有的发生，都自有它的意义。

有时，生活中"世界的另有计划"或许只在你的心湖轻轻漾起几圈涟漪，而另有些时候，这些"意料之外"却如同突如其来的风暴，给心灵的港湾带来震撼，比如"正当你转身离开一份工作，前雇主却公布了显著的薪酬提升方案"。

毕业后，我就兢兢业业地在第一家企业服务五年后跳槽了。然而，刚刚在新职位上落脚两个月，传来消息，前公司因新任首席运营官的政策，基层员工的薪酬一夜之间飙升了 30% 至 50%。在与旧日同僚的偶然相聚中，他们言谈间似乎在不经意地告诉我，我的这次"跃迁"显得尤为不智。设身处地，你又会怎样解读这段经历？

我也曾深陷于自责与悔恨的泥淖，感觉自己仿佛错失了命运的黄金列车，整日沉溺于计算如果坚守原地如今的收入水平，质疑那是否成了我职业生涯中最大的败笔。直至一语惊醒梦中人："所有的发生，都自有它的意义。"

尽管我未能把握那次收入"暴涨"的良机，但我因此踏上了一条截然不同的道路，开启了一个"全新的平行宇宙"。在这个平行宇宙中，我或许能收获超越想象的丰盛与灿烂。

时至今日，十几年过去了。如果我未曾离去，或许生活将是一幅安逸宁静的画卷。但我深知，那样一来，我极有可能不会开始写作，更不太可能在 7 年里出版了 11 本书，成就今日的我。你看，如果你**相信一切发生皆有利于我，不管事情开头如何，我都将把它变成对的开端**。那么，你就可能进入第三境界：若将岁月开成花，人生何处不芳华。

从第三境界到第四境界：通透思考，果敢行动。

允许一切发生，并非意味着毫无底线地顺从。当外界的压力企图将我们置于被动，正如鱼肉置于刀俎之下，我们岂能不为自己筑起一道保护的棱角？没错，**你的善良也要有点锋芒！**

所以，在事情尚未尘埃落定时，在一切行动之前，首要之事在于内心的透彻思考。这不仅是对情况的全面剖析，还是对自我价值观的深刻觉察。你只有在思想上先闭环了，达成内在的和谐与统一，随后采取的每一步行动才能坚实有力，帮助你真正破除内耗。

比如又有亲戚来借钱了，你母亲在那里叹气："借还是不借，这是个问题。"

在此刻，运用你的智慧，将借贷者分类考虑：

第一类，初次求援，信誉可嘉。如果对方首次开口，而且素来守信，不妨量力而行，伸出援手，同时以此为契机，建立有效的借贷规则。"我愿意此次助你一臂之力，但为免将来误会，不如我们简明记录下归还的具体安排，可好？"

第二类，急迫危机，义不容辞。面临医疗急救等紧急状况，出手相助更多的是出于亲情与道德的责任。"你的困境我感同身受，我愿意帮助。但也是为了保持我们的长久关系，我们还是先明确还款计划，确保双方心安。"

第三类，频繁借贷，信用透支。对那些屡借不还者，则需要坚决设立边界。"你的困难我理解，但也请记得我之前的付出尚未得到回应。我需要对自己的财务负责，望你能体谅。如果需要商量其他解决方案，我可以一起讨论。"必要的时候，你甚至可以断绝与对方的来往。毕竟，**如果有些人在你生命中缺席能带来平静，那就不算损失。**

通过这般深思熟虑后的差异化处理，你既没有委屈自己，又不过分苛责他人。这正是**不内耗的第四境界：智慧应对，和谐共生。**到达这里，你将不再内耗，更可能在复杂的人际关系与自我的需求间游刃有余。

最后的话

真正的自由，不在于外界的风平浪静，而在于内心的波澜不惊。当你学会与自我和解，每一处波折都成了塑造灵魂深度的刻刀。

你要搞清楚自己人生的剧本——不是你父母的续集，不是你子女的前传，更不是你朋友的外篇。在朋友的邀约前坚持自我，于职场的转折处看见长远价值，在金钱的纠葛中寻找情理的平衡，你学会的，不仅是以勇者的姿态去行动，更是以智者的胸怀去包容。

每一次挑战不再是消耗，而是蜕变的催化剂，促使你不断升级，从接受生活的波动，到主导内心的成长，最终达到——"心有猛虎，细嗅蔷薇"的人生境界。

他强任他强，清风拂山岗，他横任他横，明月照大江。不内耗的你，拥有将所有经历编织成诗的力量，无论风雨变幻，你自成宇宙。

2.2 不焦虑：不慌不忙，一切都会有最好的安排

让我们来做一个思想实验。

请设想这样一个场景：你正站立于一栋建筑的四层楼高度，脚下的路径仅由一条狭窄的木板构成，仿佛高空走钢丝般令人颤栗。请试着在心中描绘这一刻的感受——那是一种怎样的情绪涌动？

恐惧？无疑，源于对失足坠落的深深忧虑；紧张？自然，因为无数目光正从下方注视着你。

但，请转换视角，假设你是一名经验丰富的杂技艺术家，习惯了高空漫步；又或者在你的正下方，有三层厚实的安全网静静铺展，随时准备迎接任何意外；再假设，你的腰间紧紧绑着一条救命的保险绳，哪怕偶有不慎，也能确保你安然无恙。更甚之，试想这同一块木板，只是被安放于离地面仅仅 40 厘米的高度之上呢？

这一切设想揭示了一个道理：**当确认自身安全无虞后，我们的理性思维便迅速占据主导，焦虑的阴云难以再轻易笼罩你。**

※ 焦虑的本质

以上经典的思想实验出自认知行为疗法之父，全球知名心理咨询师亚伦·贝克（Aaron Beck）之手，贝克在他的著作《这样想不焦虑》中指出：**焦虑之所以会产生，是因为人们高估了威胁或危险的可能性和强度。**

根据贝克的理论，焦虑不仅仅是一种单纯的情绪反馈，它还是思维模式的产物。人们的大脑习惯性地对即将来临的事件进行前瞻性和评估性的思考，而当这种评估过分强调并放大了潜在负面后果的存在及其可能带来的冲击时，焦虑便悄然而生。

简而言之，**我们不是害怕那条窄木板本身，而是害怕从上面掉落的结果，以及这一结果对我们身心、名誉等各方面的潜在伤害。**

在日常生活的诸多场景中，譬如面对一次关键的工作报告、一场重大的考试考验，抑或在公共演讲的聚光灯下开口，你内心翻涌的焦虑实质上是对未来可能的挫败景象的预想：担心表现欠佳可能抑制职业的向上之路，顾虑考试失利或会错失升学、晋升的宝贵门票，害怕在众目睽睽之下失误会损伤你的社交声誉与自我价值感。这些纷至沓来的"假设性灾难"——每一个"万一"都构成了沉重的心理负担，使得你在实际事件尚未来临前，就已深陷焦虑的漩涡之中。

因此，焦虑的本质，是对未来不确定的"怕"。你的焦虑体验，总是被林林总总的"可能"与"万一"所包围，驱使你陷入无尽的忧虑与不安。

　　未雨绸缪本是智者之举，但过度的提前焦虑却仿佛让你在遭遇现实困境之前，先在心理上承受了一次打击。如此看来，焦虑，无疑使你遭受了双倍的痛苦。

※ 破除焦虑的策略

　　那如何才能破除焦虑，不再为还没发生的事情损耗自己呢？

　　首先，你要学会为焦虑命名，这是对你的焦虑进行管理的第一步。

　　当我们无法给自己的焦虑命名时，对于焦虑，我们是缺乏情绪意识（emotion knowledge）的。情绪意识是指，我们能够识别当下体验和表达的情绪，并能认识到情绪的原因和后果，简单地说，也就是我们到底知不知道我们所经历的情绪的原因是什么。

　　对焦虑命名，就要求我们能够明白，在众多焦虑体验中，最会引发我们焦虑的点到底在哪。而如果一个人缺乏这种情绪意识，就会反过来更加陷入焦虑之中。情绪意识本身会激发一种"努力控制（effortful control）"的心理过程。这种过程是我们主动的、为之付出努力的一种情绪调节，它会引导我们去接纳情绪，并且通过个人探索，为情绪寻找出路。

　　以"失业焦虑"为例，失业焦虑仍然是一个比较笼统的概念，我们可以通过更细致的分析，将其拆解成更具体的焦虑点。失业焦虑可能被进一步拆解为**经济焦虑——**担心失业后无法负担生活开销，感到经济压力巨大；**自我怀疑焦虑——**担心自己失业后找不到合适的工作，怀疑自己的价值；**未来规划焦虑——**担心未来发展受阻，令自己的职业生涯前功尽弃。

对于不同的焦虑点，可以采取针对性的应对策略。例如，针对经济焦虑，你可以制订详细的预算计划，甚至找到主业外的收入，积极开源节流；针对自我怀疑焦虑，你可以学习新的技能，增加自己的不可替代性和职场筹码。针对未来规划焦虑，你可以未雨绸缪，制订职业生涯备用计划，一旦出现不可逆转的不可抗力因素，你可以做到心中有底。

你看，将笼统的焦虑细化，可以降低焦虑的强度，使问题变得更加可控；通过积极的应对，可以增强自我效能感，提高应对压力的能力。

不论哪种焦虑，一旦它不再只是心头说不出道不明的阴霾，而能被你准确命名，那么它就如同《哈利·波特》中勇敢说出伏地魔的名字那般，让你既有了面对的方向，又有了战胜焦虑的勇气。

其次，你可以使用三句话，来作为面对焦虑的护身符。

第一句话：我们绝大多数的焦虑，终归只是虚惊一场。

试想，在那至关重要的演讲前夕，你的心剧场或许正上演着一幕幕"忘言失色"的桥段；而当你满心欢喜地筹备着探索世界的旅程时，行囊中似乎已预先装满了"遗失行李、错失航班"的忧虑；甚至在静候一纸体检报告的时光里，你也不由自主地在心里勾勒出最不愿见到的画面。然而，生活的真相却是，我们绝大多数的焦虑，终归只是虚惊一场。

这背后的心理机制，我们称之为"灾难性想象"——一种心灵的错觉，它让你不自觉地放大未来挑战的阴暗面，其根源或是内心的脆弱，抑或是往昔阴影的回响。它足以激起身体的警铃，让虚构的恐惧如同亲历，令人淹没在焦虑与恐慌之中。

值得欣慰的是，从"灾难性想象"中解脱出来并非难如登天。心理学家托马斯·博克维茨 1999 年的研究成果指出：**原来，在我们繁复的忧虑清单上，高达 85% 的恐惧仅仅是心灵的虚张声势，从未真正降临。更有甚者，那 21% 化为现实的忧虑，大多也以远比我们预设中更为温和的面貌出现。**因此，下次当焦虑悄然侵袭，回味"85% 与 21%"这两组数字，你会恍然大悟："此刻困扰我的，不过是些**极小概率且过分悲观的设想**。这些消极幻想不仅消耗着宝贵的精神能量，还暗暗侵蚀着我的行动勇气和决策力。"认识到这一点，便是向摆脱无谓焦虑迈出的关键一步。

第二句话：如果站在 10 年的尺度、宇宙的尺度，这件事情还是事儿吗？

你的焦虑，源于大脑习惯性地启用了一种"微观审视"的模式，这得益于它天生擅长在环境中敏锐捕捉潜在威胁的能力。这样的机制曾助我们的祖先在远古时代规避危险，确保生存。

然而，步入现代社会，这份对威胁的高度警觉有时反而令你无限放大了周遭的风险。特别是当注意力无处安放时，那些被夸大的隐患便趁机填满你的思维空间，营造出一种四面楚歌的错觉，将你引向无力与消沉。

但这真的是周遭的真实写照吗？当然不是。

焦虑的根源，其实是大脑的过度警觉与过度聚焦相互作用，将事物的风险无限放大，使其看似迫在眉睫、难以逾越。正如透过望远镜看一头袭来的猛禽，它仿佛成了庞然大物，带来紧迫的错觉。

移开目镜，拉开视角，你会发现，那看似逼近的"猛兽"实则远在天边，对你构不成威胁。之前的压迫感，不过是你被即时视角所局限，忽视了现实中的安全距离。

于是，一个简易却高效的策略浮出水面：面对焦虑，尝试后退一步，拓宽视野，用更广阔的时间维度、空间维度审视问题，那么，这件事情还是事儿吗？

这种调整称为"心理距离策略"。你与事件的心理距离越贴近，越易受影响；反之，距离越远，越能冷静、理智地分析，摆脱情绪的枷锁。

确实如此，当你将视角投射至 10 年后的未来再回溯今朝，会发现眼下困扰不过是生命长河中一抹几乎察觉不到的涟漪，甚至微小到不值一提。同样地，若你跳脱至 64 亿公里外的星际宇宙[⊖]，从那里眺望地球，你会发现即便是承载我们全部悲喜的这颗星球，亦不过是浩瀚宇宙中一抹"暗淡蓝点"。

当心灵的镜头拉远，那份曾紧攥不放的恐惧，那份缠绕心头的忧虑，便会现出它们的真面目——不过是心灵剧场中的错觉与虚影，是情绪迷雾中的泡影。

第三句话：一困惑，迈步外出；一具体，入微见著；一行动，创变自来。

如果我们焦虑的对象，有很大的概率会成真，怎么办？这第 3 句话，就是最好的应对。它分成 3 个短语。

一困惑，迈步外出。这不仅仅是地理位置的迁移，更是心灵的一次旅行。它象征着从熟悉的环境和受限的思维模式中抽离。无论是步入自然的怀抱，还是简单地更换工作场景，甚至是心灵的短暂飞翔，都足以让新鲜的视角和灵感涌入。在这一过程中，你能学会从旁观者的角度审视自己的困扰，同时，观察他人的应对之道和最佳实践，很有可能为你找到解决问题的新视角、新灵感和新策略。

一具体，入微见著。焦虑的反义词是具体。将宏大的焦虑细化为一块块可触碰的任务，是转化焦虑为动力的秘诀。抽象的忧虑如同一团迷雾，遮蔽了前进的道路，但当你将之拆解为一件件具体事项时，迷雾便散去，路径变得清晰可见。例

⊖ 1990 年 2 月，人类探测器"旅行者一号"在距离地球 64 亿公里外拍摄下了著名的"暗淡蓝点"照片。

如，将大型项目的压力化解为每日的工作清单，每完成一项，都是对焦虑的一次胜利宣言，让你离目标的完成更近一点。

一行动，创变自来。天下之事，总是困于想，而破于行。 行动，是所有想法与计划的试金石，它不仅能够直接缓解焦虑，更是在实践中开辟出创新的沃土。当你身体力行地投入到解决困难的过程中，原先的设想与现实的碰撞往往会激发出未曾预料的解决方案。这不仅是因为你在行动中不断适应与学习，更是因为实践教会你如何在不可能中寻找可能，让创意的火花在挑战中熊熊燃烧。每一次的尝试和努力，都是通往创新与自我超越的坚实步伐。

最后的话

不是风平浪静造就了强大的内心，而是驾驭风雨、破浪前行的勇气与实践，让你学会了如何在挑战中舞蹈，将焦虑的锁链转化为翱翔的翅膀。

真正的成长与自由，不来源于逃避或消除生活中的所有挑战与不确定性，而在于你如何面对它们。正如古罗马哲学家爱比克泰德所说：人不是被事物本身困扰，而是被他们关于事物的看法困扰。境随心转，我们其实都活在自己的观念当中。

悲观者，困于当下；乐观者，赢得未来。

不讨好：你不必为满足他人的期待而活着

你可能听过这个故事：

在一座古桥的阴影下，一位衣衫褴褛的行乞者安静地坐着。一日，一位衣冠齐整的绅士，轻轻停在他的面前，递上一张十元纸币。行乞者的眼神闪烁着感激，这份意料之外的温暖如同久旱后的甘霖，让他倍感振奋。此后的每一个日出日落，绅士的身影总伴随着同样温暖的十元，持续了一年有余，成为两人之间无言的约定。

然而，世事无常，有一天，绅士再次出现，手中仅握着五元钱。行乞者满腹疑惑，小心翼翼地询问缘由。绅士轻叹一口气，温和地解释："家中新添稚子，肩上的担子愈发沉重，不得不为孩子的未来精打细算，每一分每一毫都须谨慎。"

绅士本以为这番话能赢得对方的理解，未料却激起一阵不悦。行乞者的声音中夹杂着不解与责备："你生活如此优渥，为何偏偏要在给我的这点钱上斤斤计较？"这一刻，绅士感到一阵错愕，他未曾料到，自己不计回报的善意，竟在对方心中悄然生根，成了一种应得之物。

※ 讨好，不值得

再读这篇小故事，你有什么感悟吗？是悲叹人性的贪婪，还是为绅士鸣不值呢？但这些并不是我想说的，我真正想和你分享的是：**你对别人好 100 次，对方可能都记不住，但只要有 1 次不满足，就会抹杀之前所有的付出。这就是著名的"100 − 1 = 0 定律"。**

如果你觉得上述故事稍显离奇，那么让我们来看一个贴近生活的日常片段吧。

一位母亲日复一日地精心为家庭预备清晨的餐食。某个早晨，她特意烹制了豆腐鱼汤面，满怀期待地等待着儿子和丈夫品尝后脸上洋溢出满意的微笑。然而，丈夫的反馈却是："今天为什么没有荷包蛋？我就算了，孩子在长身体，缺乏营养怎么办？"

置身于这位母亲的位置，你的心境会如何？即便是炎炎夏日，是否也会感受到一股寒流直击心底？

小说《人间失格》里有一句金句：**无论对谁太过热情，都会增加不被珍惜的概率。**

家庭场景如此，职场也一样。

作家莫言曾说："如果你勤勤恳恳，在单位有什么事儿都大度忍让。那恭喜你，用不了多久，你就成为单位心照不宣的软柿子。什么破事儿都会甩给你，谁都敢欺负你两下子，加班干活儿最多，升职加薪还偏偏没有你。"

越讨好，越卑微。以上这些，都是疼痛的领悟。讨好的下场，就是越来越容易让别人看轻我们的价值，让我们在关系中逐渐失去平等与尊重的基础。

可是，为什么我们会忍不住地想去"讨好他人"呢？这是因为，可能具有"讨好型人格"。

※ 讨好型人格

讨好型人格，也有人称它为"取悦症"（the Disease to Please），这是一个在心理学领域频繁被提及的概念，它指的是那些过分在意他人感受、渴望得到外界认可而不断牺牲自我需求与模糊界限的人格特质。**这类人常常活在他人的期待之中，害怕拒绝他人，即使内心百般不愿，也会勉强自己去迎合与讨好，久而久之，失去了自我，也模糊了个人的界限。**

在人际关系的舞台上，具有讨好型人格的人如同不知疲倦的演员，戴着面具，扮演着他人期望的角色，却唯独忘记了自己原本的模样。他们把爱与接纳的钥匙交给了周围每一个人，却忘了给自己留一把。

在绝大多数的讨好型人格中，**有两大关键要素起着重要的作用："让别人高兴"与"害怕冲突"**。在这两大要素的综合作用下，"我"扮演起一个服务员的角色，"我"几乎每时每刻都在小心谨慎地关照"你"的情绪，而"我"却忘记了，"你与我"之间本该是平等的。

※ 三类典型的讨好型人格

美国临床心理医生和管理顾问哈丽雅特 · 布莱克（Harriet Braiker）在其著作《取悦症：不懂拒绝的老好人》中指出，讨好型人格通常可以被分为三类。

第一类，认知型讨好。

认知型讨好的核心在于将自我的价值与他人捆绑在一起，通过满足他人来获得自我价值感。这一套内在逻辑表面上自洽，实则偏差颇大。通常来说，认知型讨好者深信无条件的友善终将收获对等的善意，一旦遇到冷遇，便立刻自我反省，认为错在己身。他们的世界观像一把放大镜，将生活中的任何不顺遂都聚焦为自己的过失，不懈追求外界的喜爱与肯定，以免留下任何可能引起不满的痕迹。

这种心态不仅树立了对他人不切实际的期望，还让自己在渴望回报与频繁失望之间往复，身心俱疲。 他们在压抑中扮演快乐，每一次期望的落空都是对自己的一次重击，促使他们加倍努力去迎合他人，由此形成一个不断重复的闭环。与之相处的人，往往也能感受到这份沉重，倍感压力。

第二类，习惯型讨好。

习惯型讨好者将迎合他人视作日常例行公事，仿佛是一部精准运行的机械装置，对周遭人的细微需求保持着超乎寻常的敏感度，并极度渴望得到外界的肯定。 在无私奉献后，若未能即刻收获感恩之情，他们便会体验到被遗忘的寒意，其自我价值仿佛只能借由外界的积极反馈来确认，使得成就感与自信心如同晨露，日日蒸发，迫使他们不断踏上新的征程，以求更多的外界认可来验证自己的存在感与价值感。

这一模式，我在我的另一本书《自律上瘾》中曾经提及，它实质上呈现为一种行为成瘾的特征，循环往复于"触发、行动与奖励"之间，其中偶尔获取的赞美与感激如同偶然的奖赏，带来强烈却短暂的愉悦感，驱使他们不断地拓宽"讨好"的疆界，以图更多此类短暂的满足。

第三类，逃避型讨好。

逃避型讨好与其他讨好类型的主要区别在于其深层的动机驱力。相较于认知型讨好者和习惯型讨好者追求外界的赞许与接纳，**逃避型讨好者的行为核心在于躲避内心的不适——包括负面情绪、潜在伤害和孤独感。**

逃避型讨好者基于过往的经历，学会了利用讨好作为一种防御策略，以缓和可能遭遇的痛苦。他们对潜在负面情境的预测尤为敏感，一旦嗅到冲突的气息，便立刻启动讨好模式，试图绕过不愉快，却在这一过程中失去了宝贵的冲突解决能力的学习机会。

※ 三个策略摆脱讨好型人格

毕淑敏说："我们的生命，不是因为讨别人喜欢而存在的。"

我们必须采纳针对性强且行之有效的策略，以解除讨好型人格对我们精神受力的束缚。

第一个策略是摒弃"应该模式"。 认知型讨好者脑海中充斥着种种"应当"与"必须"，它们如同定时闹铃，接踵而至，诸如"我应该这样行事""我必须那样做""我得保证别人快乐""不可展现不满"。这些"应该"的观念从何而来？显然，并非与生俱来，它们实际上是外界期望的回声，教师、父母等人的声音在你头脑中放大，以至于掩盖了你内心的真实想法。

破解之道在于转变语言模式，将那些"应该"替换为"如果我愿意，我可以选择……" 比如，将"我应该永远让他人满意"转变为"如果我愿意，我可以考虑满足我在乎之人的期望"。这样的转变为你保留了选择权，强调了这是一种主动选择而非外界强加的规定。它也明确指出，你并非需要满足所有人，你重点关注的是对你重要的人，并且**这纯粹是一种自愿行为，而非强制任务。** 这一小小的调整，足以帮助你清理大量的心理负担。

第二个策略是学会拒绝。 对于讨好倾向的人来说，说"不"极其艰难，他们似乎总是难以摆脱"老好人"的标签。答应他人请求，往往意味着获得认可的机会，久而久之，人们习惯性地将你看作免费劳动力，这无疑会消耗你的精力。

拒绝真的那么困难吗？对于讨好型人格而言，确实不易，因为拒绝常伴随着强烈的内疚感，感觉自己自私至极。**解决方案在于运用拖延策略。** 是的，拖延在这里变成了一种有用的工具。当有人请求帮助而你不想答应时，不妨先拖延，这样既没有直接拒绝，心理压力减轻，同时随着时间推移，对方自然会明白你的立场，你也不会再被他人的要求所牵制。

第三个策略，也是最关键的一环，是学会自我肯定。 讨好型人格往往自我效能感低下，他们将自己的价值过多地绑定在他人的评价上，对拒绝他人或被他人拒绝都感到痛苦。其根源在于他们内心深处，对自己总是不满意。

如何找到自我效能感呢？解决之道在于建立自己的成就记录，正如《小狗钱钱》一书中提倡的，撰写成功日记，让自己的成就可视化。这样，你将逐步构建内在的自我效能感，赋予自己强大的内心力量，使你不再依赖于讨好他人来获得自我肯定。

最后的话

不是每一次握手都需要紧握至疼痛，学会放手，让爱与尊重在适度的距离中自由流动，方能滋养出健康的人际之树，以及一个更加坚韧、真实的自我。

在讨好与被讨好的微妙平衡中寻找自我，是一场漫长的内在革命，但它教会我们最重要的课题——如何在复杂的人际网络中，既保持善良与温暖，又不失独立与自我价值。

是的，你值得被世界温柔以待，但这首先源于你对自己的温柔与尊重。在讨好与自我实现的天秤上，愿你能找到那个让心灵安稳的平衡点。

不执著：先完成再完美，你永远不可能100% 做好准备

请你想象一下，面试场上，面试官突然抛出那个经典问题："能否聊聊你的不足之处呢？"此时，你心中是否会闪过这样一个"完美"回答："我最大的缺点就是追求完美过了头。"

乍一听，完美主义仿佛是积极向上、精益求精的代名词，它披着光鲜亮丽的外衣，承诺着不断进步与卓越成就，仿佛是推动你向前的无限动力。然而，事实却像童话故事里拆穿了没穿衣服的真相一般，完美主义这位看似优雅的"公主"，实则手持魔咒，渐渐将你变为一个犹豫不决、消极悲观、行动迟缓的"丑小鸭"。在这份美丽的负担之下，你仿佛踏入了自我设限的泥潭，每一步都沉重无比，逐渐束缚住你前进的步伐，让本该色彩斑斓的人生变得步履维艰。

※ 完美主义如何禁锢你的人生

为什么这么说呢？你是否从小到大听过这样一句话："要么不做，要做就要做到最好！"

　　它兴许是幼时父母寄予的厚望，校园中老师激励的话语，又或是职场前辈掷地有声的鼓励。但咱们换个角度想想，如果这时你正打算挥毫泼墨，撰写一篇大作，而你的心中全程回响着要"不鸣则已，一鸣惊人"的声音，你猜，你下一步会怎么行动？真相往往是：干脆不动笔。

　　这里说的不是"不愿意写"，而是被"完美"二字绊住了手脚，不知道该如何迈出那看起来必须"惊艳四座"的第一步。于是，文章的开头在你脑海中反反复复，写了擦，擦了写，一个早上一眨眼就过去了，但页面上愣是一个完整的句子都没写下。没错，**完美主义让你渴望成为赢家的同时，也让你背上了输不起的重担，生怕第一步就跌了跤。**

　　心理学相关的研究也证实了追求完美的心态确实可能成为表现的绊脚石。在一个有趣的实验中，研究人员招募了51位女大学生，先测量了她们的完美主义倾向，随后让她们参与了一个挑战：将一段文字精简至最简形式，同时保证原意不变。出人意料的是，那些在完美主义测试中得分较高的学生，在这场精简文字的比赛中，竟然逊色于那些完美主义倾向较弱的同学。这背后的原因何在呢？

　　专家们一语道破天机：**当完美主义的弦绷得太紧，就如同将大脑的注意力调至满格，这种高强度的聚焦实际上抑制了潜意识的流畅运作。**换句话说，你越是紧盯"完美"不放，你的大脑就越像被"完美"这个念头占据了大部分内存，反而挤压了创意和灵活思考的空间，导致表现不如同等条件下心态更为轻松的人。这就好比，**你越是想在舞台上精准无误，聚光灯下的紧张感就越可能绊住你自然舞动的脚步。**

那怎么办？想要摆脱完美主义对精神的受力，你需要理解完美主义三种类型的特点及其解决策略。

※ 第一种类型：过高期待

大女儿问她爸爸："现在大家拥有的物质条件充沛，怎么还是觉得不幸福呢？"爸爸没直接说答案，而是温柔地问她："记不记得昨天吃的那些好吃的橄榄？还想吃几个？"大女儿想都没想："再给我来十个！"爸爸笑着给了她五个，结果大女儿脸上有点不高兴了。

后来，爸爸叫来了小女儿，问了同样的问题。小女儿眼睛亮晶晶的，轻轻说："我再要两个就成。"爸爸不仅给了她两个，还多给了一个。小女儿开心得直蹦跶，那快乐劲儿藏都藏不住。

爸爸趁这时候跟大女儿解释："咱们想要的东西越来越多，好像心里的期望也跟着长了翅膀。就算得到的比需要的多多了，可要是没达到心里的高目标，还是会觉得不开心。你妹妹那么高兴，是因为她得到的比想要的还要多；而你觉得不太如意，其实就是你想要的和你得到的没对上号。"

说完这些，大女儿像是明白了什么。

看到这里，你心里可能会想，可如果我们都不抱过高期待，会不会每个人都选择"躺平"，整个社会都会陷入"低欲望社会"呢？

其实并不会，因为期待，可以分为"总体期待"和"具体期待"两类。最好的组合是：**你的总体期待较高，但具体期待较低**。怎么来理解呢？

总体期待是你对自己的长期预期，它决定了你是一个什么样的人，你将成为什么样的人，它是你个人成长的天花板。比如，我对自己的总体期待是写 50 本书，希望其中的一两本书能在这个世界上留下一点点印迹，这个总体期待让我在一个较长的时间段里有很强的动力去日拱一卒。

具体期待则是针对我们每天遭遇的各种情况，比如人际交往、工作、收入、运动等各个方面的期待。如果你希望写出一个完美的幻灯片，你就会产生对于该幻灯片是否会受到领导表扬、同事称赞等的具体预期，而这正是问题的症结所在：完美主义会成为你写这个幻灯片最大的破坏者。

很多被完美主义困扰的人，恰恰是对总体期待较低而对具体期待较高的人。因为他们对总体期待较低，所以他们往往缺乏长远的人生目标去激励自己，这使得他们在日常的具体事务中过分纠结细节，追求每个环节的绝对完美。比如，如果一个人的总体期待仅仅是维持现状，不求突破，那么他在准备一份报告时，可能会因为字体大小、颜色搭配这样的细节而耗费大量精力，期望每一次呈现都是无瑕的。这种对具体事务的过分高期待，不仅消耗了宝贵的时间和精力，还容易因为难以达到预期而造成挫败感，进而降低了自我效能感和总体幸福感。

因此，成为不完美主义者，并非意味着放弃追求和努力，而是学会区分和调整这两种期待。保持较高的总体期待，意味着你对自己的人生有明确的方向和积极的展望，这能够激发内在的动力，推动你不断前进，探索未知，勇于接受挑战。

同时，**降低具体期待，意味着在实现这些长期目标的过程中，你能够更加宽容地对待自己和周遭的不完美，认识到完成比完美更重要，进步与迭代更重要，每一次尝试和努力都是向前迈进的一步，即使结果略有瑕疵，也是成长的一部分。**

是的，长期高标准，短期低要求。这是一种智慧。

※ 第二种类型：纠结不放

纠结不放者，总是过分关注自身的问题或引发问题的原因，并经常对自己过去的表现感到自责。如果要"确诊"自己是否是纠结不放者，你不妨问问自己，是否经常有以下行为：

（1）你是否经常陷入对过去事件的反刍式思考，难以释怀？

（2）你是否过于关注外界的评价和认可，而忽略了内心的感受和成长？

（3）你的心中是否常有一个声音在回响：要是当初……就好了？

总是纠结不放的人，应该如何自救呢？

答案是：**你需要学会"导航思维"。**

什么是导航思维？设想你在驱车前往目的地的途中不慎误入歧途，这时车载导航系统总能迅速响应，基于当前所处位置，无视过去的偏差，立即规划出一条全新的、最高效的前行路线，确保你能继续向目标进发。

同理，在面对生活的种种挑战与抉择时，导航思维促使我们马上从现有的处境出发，不拘泥于过往的错误或原因的探究，而是集中精力于"如何有效应对"和"怎样最优前进"，这是一种面向解决方案的积极思考模式，旨在指引我们以最智慧、最直接的方式抵达心中的彼岸。

这个世界上，有两类事件。**一类事件无法挽回不可修复，另一类事件则有补救的余地。**

针对无法挽回的事件， 我们需要学会接受和放下，将焦点转移到如何从中吸取教训，避免未来重蹈覆辙，这是导航思维的第一步。我们不能改变过去，但我们可以决定未来如何不同。正如《论语》中所说，"往者不可谏，来者犹可追"。

对于有补救余地的事件， 导航思维则要求我们立即采取行动，制订具体的行动计划，一步一步去修正错误或改善状况，而不是沉溺于问题本身，徒增焦虑。就好比你的计算机出了故障，与其懊恼为何会出现这个问题，不如直接查找解决方案，动手修复或寻求专业帮助。

比如，有一年夏天，我们一家老小怀揣着对英伦风情的无限憧憬，早早出发奔向上海浦东国际机场。晨光微露中，汽车穿梭在空旷的街道，最终稳稳停在了机场旁巨大的停车场内。正当我们满怀期待地准备卸下行李，爱人猛然发现，我们的航班起点是上海虹桥机场！

我脑海中顿时浮现出疑惑："国际航班不都是从浦东机场启程的吗?"翻阅着手中的行程单，那些密密麻麻的英文字符仿佛编织成一张复杂的网，直到仔细辨认，我才恍然大悟，原来我们的旅程需要在北京首都国际机场中转，那里才是飞往英国伦敦的第一站。

那一刻，我瞥见腕间手表的指针无情地转动，心中涌起一阵紧张。然而，理智迅速占据上风，我告诉自己此刻需要冷静分析，就像驾驶时重新规划导航一样。于是，一个应急计划迅速成型：岳父当仁不让地握紧方向盘，重新发动车辆，目标锁定在虹桥机场；而我与爱人，则在车辆疾驰中，于后排座位上紧张有序地讨论着每一个可能的应对策略，仿佛两位并肩作战的谋士。

在这场与时间的赛跑中，每分每秒都被精心计算：如何在虹桥机场迅速找到停车位，怎样高效穿越熙熙攘攘的候机人群，以及如何在最短时间内完成安检流程……每个环节都预设了应急方案。汗水与心跳交织，在紧张而有序的行动中，我们几乎能听到时间滴答作响。

最终，就像是电影里的高潮片段，当停止检票飞机即将展翅高飞的前一刻，我们满载着行李与紧张过后的释然，气喘吁吁地踏入了机舱。舱门缓缓关闭，伴随着空姐温柔的提示声，我们相视一笑，庆幸旅程的"劫后余生"。

纠结不放是本能，导航思维是本事。

这次意外的小插曲，非但没有成为旅行的阻碍，反而如同一场突如其来的冒险考验，让我不禁在事后感到一丝暗暗的自豪。

※ 第三种类型：害怕犯错

面对一次演讲的邀约，你会不会立刻不假思索地答应呢？或许，在那瞬间的心动与迟疑间，藏着每个人共有的秘密——对失误的恐惧和回避。哪怕专业人员也是如此。

以篮球场上的罚球为例，数据显示：主场球员在比赛尾声的关键罚篮上，命中率意外走低，而抢夺进攻篮板时却格外英勇。这背后是主场的双刃剑——在享受观众山呼海啸般支持的同时，也背负了沉甸甸的期望。每到千钧一发之际，他们内心的独白充斥着"不容有失"，满载着对团队和拥趸的责任感。这份沉重反而像是头上套了个塑料袋，压力让他们感到窒息，从而导致最后在罚球线上留下遗憾。

这种"害怕犯错"的完美主义不仅体现在体育领域，对于普通人来说，"害怕错误"会渗透到生活的各个方面，包括工作、学习甚至人际关系中。**人们害怕犯错，往往是因为错误与失败、能力不足或者丢脸联系在一起。**这种恐惧有时会变得如此强烈，以至于我们可能会下意识地选择避免挑战或做新的尝试，以免暴露自己的不足。

那如何才能克服这种"害怕犯错"的心理呢？

一个有效的策略，是践行"二进制思维"。

什么是"二进制思维"？二进制思维的概念源自计算机学科中的"二进制"系统，这是一种仅含两个基本元素——0 与 1 的计数体系，构成了现代数字化技术的基石。

在电视信号的传输中，存在着两种模式：模拟信号与数字信号。数字信号，本质上是二进制数据的流动，它能够被解码成清晰的图像。即便数字信号弱，只要能够接收到信号，最终展示的图像依旧完好无损；相反，模拟信号若强度不足，则图像质量会大打折扣，显得模糊不清。

在日常生活中，诸如进行一场演讲，写作一篇文章，如果我们都把它看作可以无限进步的模拟信号，那么当害怕错误的心态来袭时，这种心态就会让你踟蹰不前，精神受力。

但如果你把这些行动本身就当作一个二进制的任务呢？只要你上台讲了，提笔写完了，你就已经完成一次二进制的编码与解码，那么在你的内心深处，是否就会少一些对完美的苛求，多一份对尝试的肯定呢？换言之，"二进制思维"鼓励你看待事物从"完成与否"的角度出发，而非"完美或失败"。当你站在台上，无论紧张与否，只要完成了演讲，那就是 1，是成功；当你落笔收尾，无论文稿是否充分润色，你已书写完毕，这也是 1，是成就。

这种思维方式转变的关键在于它能帮助你重新定义成功与失败的边界。不再追求每个细节的无瑕，而是着眼于任务的完成。这样一来，错误不再是不可触碰的禁忌，而是成长道路上不可避免且宝贵的反馈。每次尝试，无论结果如何，都是向"完成"这一目标迈进的一步，而非滑向"失败"的深渊。

最后的话

漫画《灌篮高手》的结局，湘北虽然赢了在全国大赛上没有过败绩的山王工业，却在后面的场次中失利。有人问漫画家井上雄彦，为什么不让湘北夺冠呢？他说：**因为青春时的梦想，往往都是不完美的。**

就像马克·吐温曾说的那样："取得领先的秘诀是先开始。"在不完美的旅途中，我们学会了如何以更宽容的心态拥抱自我，以更坚韧的步伐追逐梦想，而这份勇气与智慧，正是成就多彩人生的瑰宝。

2.5 不干预：学会"课题分离"

你是一个控制欲很强的人吗？你感受过控制欲对你的反噬吗？在这个充满不确定的时代，追求秩序与掌控感似乎是人之常情，但当这份追求转变为对他人的过分干预，控制欲便会悄然侵蚀人际关系的和谐，让你的内心无法平静。

在强控制欲的驱使下，我们有时或许赢得了他人表面的顺从，却在不知不觉中，失去了更宝贵的东西——亲子关系的和谐、亲密关系的信任，以及职场关系的协同。

※ 控制欲如何让你的精神受力

控制欲如同一把双刃剑，一方面，它源于对未知的恐惧，试图通过掌握一切来获得安全感；另一方面，这种过度的介入也让关系中的彼此感觉受伤、窒息和抵触。

第一，控制欲让亲子关系危险。

1946 年，英国医学研究委员会（MRC）发起了一项国民终身发展研究，这项研究从 1946 年起跟踪调查了 5 362 人在 13 至 64 岁之间的心理健康状况。2015 年，伦敦大学发布了这项研究的报告。

研究发现，那些在童年时期认为父母更关心他们、心理控制较少的人，在整个生命中更有可能感到幸福和满足。与父母心理控制较少的人相比，童年时期父母心理控制较强的人在成年期的心理健康状况明显较低，他们幸福指数较低、更容易抑郁，其影响程度类似于刚失去亲朋好友。

关爱和过度控制之间的界限非常微妙。而我国的家长尤其容易越线，把控制欲认为是自己对孩子的关心。如果家长没把握好这个度，不懂得随着孩子的成长调整自己的教育方式，就容易越界，把爱变成了控制，对孩子造成许多负面影响。

心理学家、哲学家弗洛姆说过："教育的对立面是操纵，它出于对孩子之潜能的生长缺乏信心，认为只有成年人去指导孩子该做哪些事，不该做哪些事，孩子才会获得正常的发展，然而这样的操纵是错误的。"

控制欲强的家长同时伤害孩子的内驱力和依恋模式。

控制欲强的父母，为孩子包办太多，替孩子做很多本该他自己做的事情，承担了本该孩子自己承担的责任。而自主性是人格的核心支柱，能够自主选择是做人的基本价值。父母包办一切最终导致孩子丧失内驱力，形成不了自主性人格。

控制欲强的家长以爱为名，给本应无条件对孩子的爱捆绑上 KPI（关键绩效指标）——目标导向太明确，反复强调某个目标，甚至不断地暗示如果不实现这个目标，你会有什么样悲惨的后果。这在孩子看来是极其恐怖的事，弱小的孩子为了获得依恋便扭曲自己去迎合父母。这样的孩子更容易自卑，依赖性强，没有主见。当父母的爱中带着强烈的束缚时，孩子感受到的只会是沉重的负担。如此一来，孩子更容易变得固执、敏感，情绪管理能力差。

第二，控制欲让亲密关系窒息。

让我们来做一个思想实验，如果你的伴侣总是表现出强烈的控制欲，请体验一下这种关系会有多么令人不安：

——经常要求查看你的手机，并且未经允许就私自删除你的异性好友；

——每当你晚上 9 点还未回家，就开始不停地打电话和发消息催促你回家；

——要求你必须随时回复信息，保持紧密的联系，即使是在你忙碌的时候也不例外；

——不允许你穿着时尚或引人注目的服饰，总是试图限制你的自由和个人风格；

——总是试图让你改变，以符合他的期望和标准，如拖鞋必须放整齐，灶台必须一尘不染……

身处这样的关系之中，你是否会感到极度的压抑和想要逃离呢？

是的，随着时间的推移，这种持续的压力和不断的监控可能会逐渐侵蚀你的自尊心和个人空间。你可能会发现自己都开始质疑自己的判断力了，甚至在做一些简单的决定时也感到犹豫不决。你还会发现自己的朋友圈变得越来越小，因为你担心伴侣的反应而不敢与他人保持联系。甚至，你可能会发现自己为了维持和平，而不得不放弃一些原本珍视的兴趣爱好和社交活动。

好了，请暂时放下你的想象，你并没有这样控制欲爆表的伴侣，你自己也不是这样的伴侣。这个思想实验只是为了让你设身处地地体验一下，如果我们对伴侣施加过强的控制，总是希望改变对方，是否也会让对方感到窒息和压抑。

第三，控制欲让人际关系崩塌。

在某公司，有一位领导因其显著的控制倾向而闻名。他的影响力无孔不入，从日常的跨部门沟通，到重大项目的实施，他始终坚持"一手遮天"，几乎不容许团队成员有自己的想法。

随着时间推移，即便团队成员意识到他的某些决策与市场趋势相悖，也没有人敢于发声，团队氛围逐渐演变成一种盲目的遵从。在这样的背景下，即使面对明显的决策失误，团队也只能无奈地遵循指令，眼睁睁地看着宝贵的机会逐一流失，最终导致失败。

最终，这位领导因重大决策失误而被公司辞退。这一案例，无疑是对过度控制的一次深刻警示。

俄罗斯作家邦达列夫曾说："**人类一切痛苦的根源，都源于缺乏边界感。**"控制欲太强的人，唯有建立边界感才能找回和谐的关系和持续成长的路径。可具体要怎么做呢？一个有效的方式，是学会"课题分离"。

※ "课题分离"原则

什么是"课题分离"？它是个体心理学创始人阿尔弗雷德·阿德勒所提出的概念，课题分离的意思是说：**你有你的课题，我有我的课题，别混淆自己与他人的人生课题，你不必为他人的课题担责，请保持自己内心的秩序即可。**

简而言之，**课题分离的核心一条是：行为的后果由谁承担，这件事情就是谁的课题**。

践行"课题分离"原则有四个关键。

第一个关键：明确界限，认识自我课题。

你的首要任务是清晰界定自我课题与他人课题的界限。这意味着你需要时刻提醒自己，哪些是你能够负责也应当负责的（如你的情绪管理、个人决策等），哪些则属于他人的范畴（如他人的情绪、选择和生活方式）。在遇到想要干预的冲动时，先停顿，思考这是谁的课题。这种区分是基础，帮助你在不干预他人的同时，专注于自己的成长。

例如，在亲子教育的场景中，一位母亲可能非常关心孩子的学业成绩，常常忍不住检查孩子的每项作业，甚至替孩子制订详尽的学习计划和确定目标。应用"课题分离"原则，这位母亲可以按以下四步实践：

第一步，自我反思与界限划分

母亲首先须意识到，孩子学习成绩的直接责任在于孩子自己。尽管提供必要的支持和资源是母亲的课题（如创造良好的学习环境，提供必要的学习资料），但具体的学习过程、努力程度和成绩的达成，则是孩子的课题。母亲需要后退一步，允许孩子自己承担起学习的责任。

第二步，沟通与共识

与孩子开展一次坦诚的对话，讨论学习目标和方法，共同设定合理的界限。母亲可以表达自己的期望，但也须倾听孩子的想法和需求，尊重孩子的学习节奏和兴趣点，共同决定哪些是需要母亲协助的部分，哪些需要孩子自行决定和完成。

第三步，鼓励自主性

鼓励孩子自主制订学习计划和确立目标，母亲则作为顾问和鼓励者，而非决策者。当孩子遇到困难时，提供指导而不是直接解决问题，帮助孩子学会面对挑战和失败，从而培养其自主性和解决问题的能力。

第四步，认可与反馈

对孩子的努力和进步给予正面的反馈，而非仅仅关注成绩。关注孩子的学习态度、努力程度和解决问题的方法，让孩子感受到自己的成长被看见，增强自我效能感。

通过践行上述四步实践，母亲不仅减轻了自己的精神负担，避免了过度控制可能带来的亲子关系紧张，还促进了孩子的自我成长和责任感，最终构建起一个基于相互尊重和理解的健康亲子关系。

第二个关键：有效沟通，表达而非命令。

在亲密关系中，用"事、受、求"来表达自己的观点和需求，而非直接命令对方应该如何做，不仅能减少对方感受到的压力，还能保持自我课题的清晰。

举个例子，设想一个周末，你请丈夫帮忙整理厨房。当丈夫完成了任务，你走进厨房查看，却发现台面上残留着水渍，洗净的碗碟也未归置到指定的橱柜中，你不由自主地开始挑剔起来，指出这儿不够干净，那儿摆放不当。

原本期待得到你认可的他，却意外收获了一连串批评，一腔热情被冷水浇灭，这样的经历好比在期待奖励时意外触碰了惩罚按钮，大大削减了他未来参与家务的积极性。

所以在这种场景里，你就可以使用"事、受、求"的沟通策略，来实现你的有效沟通。

"事"是"事实"，第一步你要表达你看到的事实，你可以这样表达："我发现厨房清理过后，灶台上还有些许水渍，碗筷也留在了外面，没有放进橱柜里。"

"受"是"感受"，第二步你要说说你看到事实后自己的感受："我感到有点失望，因为我确实很在意家里的整洁，相信你也明白这一点。"

"求"是"请求"，第三步你要表达自己的请求，可以柔和地提出："下次如果能记得把台面的水渍擦干，碗筷归位到橱柜里，那就更好了，这样我们家厨房会更加清爽整洁！"

你看，如果你有意识地使用"事、受、求"的沟通技巧，而不是一看到水渍和没放进橱柜的碗筷就生气，是不是可以避免一场让彼此的精神受力的争吵呢？

第三个关键：做好心理建设，宣布和明确底线。

第一步，放下改变"控制狂"的期待。无论这位"控制狂"与你是什么关系，如果对方没有自发地想要改变自己，别人想要改变他的控制欲是非常困难的。即使他口头上承诺会改变，但长期形成的习惯很难在短时间内改变。因此，你需要放下改变"控制狂"的期待，因为期望越大，失望往往也就越大。当你能够放弃改变对方的念头时，你就为与他相处做好了基础准备。

第二步，提醒自己，他对谁都一样。控制欲的本质是缺乏边界感、安全感和同理心。这些都是"控制狂"具有强烈控制欲的深层原因，因此他们对待任何人都是一样的，与你个人的表现并没有太大的关联。当你明确意识到对方不只是针对你时，你就更容易保持内心的平静，从而拥有更强的心理韧性。

第三步，清楚自己的底线。"控制狂"往往有一个特点，就是不断试探边界，并从中得到满足。因此，在与"控制狂"相处时，首先要明确自己的底线是什么，即哪些行为会让你感到不舒服。例如，有些"控制狂"可能极度缺乏边界感，在晚上临睡前还喜欢给你打电话，拖着你聊天。如果你对这类行为感到非常反感，那么务必清楚自己的底线在哪里，确定哪些是你最不愿意别人对你做的事情。

第四步，清晰说明底线。由于"控制狂"往往缺乏同理心，如果你不直接表达出来，他们可能永远不会意识到你的感受。因此，你需要非常明确地告诉对方你的底线在哪，有哪些行为是你极其反感的。只有将这些底线提前清晰地告知"控制狂"，他们才有可能有所收敛。

第四个关键：建立反馈机制。

在任何关系中，设立开放的反馈渠道，鼓励他人表达当你过度干预时的感受。无论是在家庭还是工作场合，建立一个安全的环境，让别人可以坦诚告诉你何时越界了，这对于自我调整和改善人际关系至关重要。

最后的话

每个人内心深处都或多或少藏着一丝控制的萌芽，它隐匿于潜意识，在我们尚未察觉之时已悄然生根发芽。这股力量，虽无声息，却影响深远。

但在这趟探索控制与放手的旅程中，我们最终领悟到，真正的自由与和谐，源自内心的觉醒与界线的明晰。控制欲，这把双刃剑，唯有当我们通过"课题分离"的原则，学会将其转化为理解和尊重的力量，变成可以落地和实操的步骤后，才能真正拥抱生命的多样与宽广。

在这个喧嚣的世界上，守好心中的宁静，心静人自安，稳居天地间。

2.6 不应激：巧妙用好你的屏蔽力

请想象这样一个画面：

你们一家三口，在陌生的城市游玩，中午烈日当空，你打开打车软件，准备前往计划中的网红餐厅用餐。但或许由于手机定位不准，加上市区交通情况非常复杂，大约 10 分钟后，司机打来电话，说找不到你们。

此时，你脾气急躁的爱人开始不耐烦了，一边用纸巾擦拭额头上的汗，满脸通红，一边对你开始指责："怎么回事？我刚才就说应该坐地铁，你非要打车！"

此时，你会有什么反应？你是不是预感到一场发生在街头的家庭争吵似乎将不可避免地发生？

※ 应激反应与情绪劫持

的确，在这样炎热的午后，烈日如火；在陌生的城市，行程不顺；在爱人的抱怨声中，一场本该充满欢乐的家庭出行，似乎正悄然偏离了预期的轨道。这一切都在刺激着你的神经系统，促使你的身体进入"战斗或逃跑"的应激反应模式。可是，有这种情绪冲动其实是非常正常的，因为从心理学的角度来说，此时，你正在遭遇"情绪劫持"。

情绪劫持，也叫杏仁核劫持，杏仁核是人类大脑中非常重要的情绪处理器。在某些特定情景下，当杏仁核被外部刺激激活时，杏仁核就会充血。此时，杏仁核如同脱缰的野马、月圆之夜的狼人，理性之光在这一刻黯淡，只留下冲动与直觉的狂舞。它会导致掌管理性的大脑皮层被关闭。在这种情况下，我们会很难清醒思考，陷入直线而极端的思维当中去。

但在钢筋水泥筑成的现代丛林中，虽没有猛兽的威胁，但这股力量却可能误伤至亲，将一场本该充满欢笑的家庭旅行，转变为一场不必要的战争。当情绪的潮水即将漫过理智的堤坝时，你站在了十字路口：是任由情绪的洪流吞噬美好时光，还是驾驭这股力量，化险为夷？

我的答案是：你可以选择巧妙用好你的屏蔽力。因为它不仅是高墙，阻挡外界的纷扰与内心的风暴，更是一盏明灯，指引你在混沌中找到清明。屏蔽力，是现代生活的盔甲，是心灵的瑜伽，教会我们如何在"压力山大"之时，依旧保持那份难能可贵的平和与智慧。

※ 践行屏蔽力五步走

什么是屏蔽力？

简而言之，屏蔽力是一种自我调节的能力，让你在面对

负面情绪或外界压力时，能够有效地"**屏蔽**"掉这些干扰因素，保持内心的平静与清晰思考。它是一种基于自我意识和情绪智力的高级心理防御机制，能有效帮助个体在逆境中维持理性，从而避免被即时情绪完全控制。

具体要如何使用屏蔽力呢？简单来讲，可以按以下五步走。

第一步：自我觉察

首先，你需要学会自我觉察，意识到自己正处于情绪即将失控的边缘。在上述情境中，当你感到心跳加速、呼吸急促、心情烦躁时，那就是身体在提示你："我现在很激动。"这时，停下来，深呼吸，告诉自己："我正在经历情绪劫持，我需要冷静下来。"

第二步：情绪接纳

接着，你要学会接纳和正常化自己的情绪，而不是抗拒或压抑。对自己说："感到烦躁和焦虑是正常的，每个人在这种情况都可能如此。"这种接纳可以有效地减少负面情绪的能量，避免使其进一步膨胀，脱离你的掌控范围。

第三步：聚焦解决

面对问题时，最重要的不是陷入问题本身，而是找到解决问题的路径。在这种思想的指导下，你就可以选择温和地望向爱人，然后用尽可能平和的语气说："我知道你现在很热也很着急，我也是。让我们先冷静一下，想想怎么快速解决问题。"这句话既是对你爱人的共情和安抚，又是一种信号，表明你正在屏蔽掉负面情绪的干扰，转而专注于问题本身。

随后，你可以迅速打开地图应用程序，确认当前位置，并尝试用更精确的地标指引司机，同时询问司机，是否可以共享位置，以便更快地会合。

第四步：重构解读

除此之外，还有一件很重要的事情，是尝试对当前的情境进行重新评估和解读。比如你看到孩子因父母的紧张气氛而显得有些恐惧和不安时，你决定将这一刻转变为一堂宝贵的生活教育课。你可以在感觉自己情绪已经趋于平稳后，蹲下来轻声对孩子说："有时候，事情不会总按我们的计划进行，但这正是体验的一部分，对不对？我们可以学会灵活应对，一起找到最好的解决办法。"这样的言传身教，不仅转移了孩子的注意力，也将原本可能爆发的冲突转变为一次家庭成员共同协作、克服挑战的机会。

第五步：采取行动

最后，基于之前的冷静分析与情绪调整，果断采取具体行动。这可能意味着继续与司机保持沟通，确认一个更容易识别的见面地点；或者干脆向司机道个歉，取消行程并改变计划，继而寻找附近的其他餐厅就餐。

与此同时，你也可以利用这次机会，引导家人一起参与决策过程，比如让孩子选择接下来的方案，以增加活动的乐趣和家庭成员之间的互动。

你看，通过这五步实践，屏蔽力不仅帮助你在关键时刻保持了冷静，还转化了局面，将一个可能的争吵瞬间转变为加深理解、增进感情和共同成长的机会。更重要的是，你证明了即使在压力之下，你也有能力屏蔽负面情绪，保持理智。如此一来，在未来，遇到类似的压力情景，你也将拥有足够强的自我效能感，相信自己，也相信你的家庭成员，可以一起通过多次启用屏蔽力，化解应激反应，继而直面挑战，拿到你们想要的结果。

※ 屏蔽力在职场中的运用

在职场中，屏蔽力同样是一种宝贵的技能，它也能帮助你有效应对工作中的各种挑战，让你游刃有余。

比如，假设你的直属上司是一位行业内知名大咖，但脾气出了名的臭。一次，当你把一篇重要报告交给该领导后，这位领导居然情绪激动地说这篇报告写得像垃圾，并把它们揉成一团，直接扔到废纸篓里。

此时，你会作何反应？是的，普通人在这种场景下很可能就会进入情绪劫持的陷阱，不是吓得不敢说话，就是与其发生争执，甚至拂袖而去。

但你不一样。因为你有屏蔽力，你立刻应用了屏蔽力五步走。

第一步，自我觉察。首先，当你感受到批评带来的紧张和不适时，立即启动自我觉察机制。意识到自己处于情绪劫持的边缘。很多职场人一受到批评，就会马上陷入"疯狂自证般地解释"，这正是由于没有启动自我觉察，陷入了情绪劫持之中。

第二步，情绪接纳。你深吸一口气，温和地允许那些不悦的情绪流淌，认识到"遭遇批评，不过是成长路上必经的风雨，我能够从中汲取营养"。你便阻止了它演变成逃避或反抗的洪流。于是，你巧妙地架起了桥梁，让批评的初次冲击波在你内心的平和之海上缓缓消解，转而成为自我提升的催化剂。

第三步，聚焦解决。接下来，屏蔽掉情绪干扰，聚焦于解决问题。你开始反思领导批评的具体内容，尝试从中提取有用的信息。很多人在这个过程中依然容易跑偏，因为他们会特别容易被领导的语气或用词影响，无法从领导描述的"感受"和"事实"当中，解读出领导的"需要"或"需求"。那此时，领导的"需要"或"需求"是什么呢？哪怕暂时没有答案，也没有关系，你可以选择先走下一步。

第四步，重构解读。将原本可能消极的批评信息，转化为积极的建设性反馈。你可以选择这样想：领导的批评实际上是对工作的重视，反映了对你有更高的期望值。这让你迸发出一个可能有效的行动灵感！

第五步，采取行动。最后，将反思后得出的积极结论付诸实践。于是，你说：领导，您说我的报告写得不行，我也承认。不过这也是我为什么愿意追随您。因为每次我读您的报告，都觉得逻辑结构特别清晰，非常有获得感。与此同时，我们这项研究的成果非常重要，如果报告能写得好，就会对行业产生非常重大的影响。所以，您能否给我一些建议，帮助我写好这篇报告呢？

事实上，这是一件真实发生在一位年轻女化学家身上的事情。结果你猜怎样？暴脾气领导被女化学家这番既有事实又有请求还略带褒奖的话语打动了，两个人从垃圾桶里翻出了报告，然后一起着手修改了起来。

抛开这位女化学家的语言技巧不谈，她的屏蔽力显然让她获益。屏蔽力运用得当，你自然会收获影响力，人们会打心底里觉得这样的人靠谱。

你看，无论是在生活场景，还是在职场之中，屏蔽力无疑是让我们精神不受力的一把钥匙，它能帮你解锁通往内心平静与高效应对的大门。它教会我们，在纷扰中寻找秩序，在挑战中看见机遇。

最后的话

正如有一句话所说："不是所有风暴都能将你淹没，有时它们只是帮你洗净铅华，让你更加耀眼。"是的，真正的力量，不在于从未遭遇风暴，而在于能在风雨中舞蹈，将每一次危机化作重塑自我、深化连接的契机。

不抱怨：他强任他强，清风拂山岗

"你吃进口中的东西，决定了你的体型和重量；你从口中说出的东西，决定了你的现实。"

抱怨，是内心不满的外现，并将不满归咎于旁人的不足。抱怨如同一种魔力，能扭曲现实——那些脱口而出的苛责，终将在时光流转中，反弹成为自身的伤痕。

设想一位深陷抱怨循环的母亲，她因日常琐事满腹牢骚。当晨光初照，瞥见阳台上的丈夫悠然吸烟，她的不满便化作言语："你只知道抽烟消遣，孩子未醒不管不顾，早餐也无心准备。"日复一日，丈夫在她的喋喋不休中渐渐沉默，有时掐灭烟蒂，便直接离家而去，家的温馨渐行渐远。

不难想象后续的情节：丈夫外出公干的频率愈发增高，家中愈发冷清。母亲转而将满腔情绪倾泻于女儿，后者成了无形的情感收容所。最终，女儿凭借优异成绩踏入寄宿学校的门槛，每逢假期，归家的脚步也越发沉重，心中那份不愿日益明显。

故事的尾声，夫妻缘尽情散，女儿也选择了一所远方的大学，展翅高飞。这位母亲似乎在不经意间，通过不断的抱怨，亲手推开了一直陪伴在侧的至亲，独守一份空旷与静默。

※ 警惕，别让自己成为黑洞

《改变人生的谈话》的作者黄启团曾经有一个类比非常形象。

他指出，世上的人大致可分为两大类。第一类人，与他们相处如遇冬日暖阳，他们能赋予你力量，让你感受到被爱的包围与生活的甜蜜，犹如身边拥有一颗不息的小太阳。因此，黄启团亲切地称这类人为"发光体"。

相对地，第二类人则形成了鲜明对比。与他们共处一室久了，你会发现自己如被无形引力拖拽，活力与正能量似乎被悄然抽离，遭遇的仿佛是心灵的"黑洞"。这类人擅长吸走周遭的正向能量，常常令亲近之人心力交瘁，伤痕累累。

爱抱怨的人通常在遇到不合心意的事情时，就很容易变身为"黑洞"，习惯把焦点放在发生错误的地方，更爱挑毛病，却不太容易看到别人身上的优点。这类被视为"黑洞"的个体，就如同故事中的母亲一般，在持续不断的负面循环中，最终将反噬自身，伤及自己。

为什么"黑洞"式的存在会蕴含如此的破坏力呢？追根溯源，两大关键要素不容忽视：

首先，是**负能量的恶性循环**。频繁地抱怨与负面情绪如同病毒，不仅削弱个人的精神防线，更在人际间传播，营造出压抑与不安的情绪低气压。这种环境不仅会阻碍个人的健康成长，还可能导致周围人的情绪疲惫与疏离，最终形成孤立无援的恶性循环。

其次，**内在成长的缺失**是另一个关键因素。过分聚焦外界缺陷，让人忽视了"向内求"的必要性和从自身出发"持续做功"的契机。在这一过程中，一个人会错失通过克服困难来促进自我提升和心灵成熟的宝贵机会，进而在客观上被锁死在一个不再成长的闭环之中。

那如何才能从"黑洞"转型成"发光体"，难道只是单纯地把"抱怨"憋回去吗？

并非如此，硬憋只会憋出内伤，要实现根本的蜕变与突破，核心在于从认知、行为以及日常行动来使用策略。

※ 从"黑洞"到"发光体"的三种策略

策略一：在认知上，你可以选择合理运用"转念四象限"。

什么是"转念四象限"？请看下面这张图：

抱怨	过去	人		未来	建设
		第二象限 追究	第一象限 理性		
		第三象限 情绪	第四象限 请求		
		事			

如果把我们任何的转心动念根据“过去与未来”的维度，以及“人与事”的维度来做划分，那么这些念头会分别落在这四个象限中。

第一象限：人与未来，它是“理性”的象限。

在这个象限里，你倾向于思考的是与他人相关的未来规划、目标设定以及如何构建积极的人际关系。这里是你规划梦想、设定目标并思考如何与他人协作以实现这些目标的地方。例如，你可能会思考如何成为一个更好的家长，如何激励孩子养成好习惯，又或者与爱人一起规划未来，共同成长。

第二象限：人与过去，它是“追究”的象限。

“追究”一词，本身携带着一丝不快的意味。比如在第二象限里，有些人在和伴侣拌嘴时，习惯挖掘并重提对方过往的不当行为或不良习性；或是自我苛责，反复咀嚼因自身个性特质而错过的种种良机。但过去不代表未来，“追究”看起来是一种“反思”，但过度沉溺于此，则可能演变成对往昔伤痛的不断复述，这种做法激发的消极情感不仅无助于双方的心理健康，反而可能加剧彼此的精神受力，形成恶性循环。

第三象限：事与过去，它是“情绪”的象限。

这个象限触及的是我们对往昔事件的情感回响与内心体验。置身于此，我们或许会体验到愤怒、哀伤、失落或挫败感，这些都是对过往遭遇的本能的情感回应。然而，倘若我们在这一象限中驻足过久，反复咀嚼那些痛苦记忆，乃至频繁向他人倾诉，就无异于持续撕扯尚未愈合的伤疤。这样做不仅会导致旧伤反复发炎，更会使负面情绪如影随形，笼罩我们的生活，会对精神健康造成侵蚀性的影响。在心理层面，长期沉浸于过去的阴霾中，也会逐渐削弱我们面对当前挑战的能力，限制个人成长的空间。

第四象限：事与未来，它是"请求"的象限。

在这一象限内，你的焦点集中在通过切实可行的举措与规划，积极构建解决方案。这不仅关乎向外界寻求协助与合作，更是自我驱动、目标设定、策略规划与行动执行的深度融合。身处第四象限中，你或许会深入考虑如何优化你的时间管理方法，提升效率；探讨与他人协同的最佳途径，共同推进目标；抑或探索自我提升的新领域，习得新技能，为迎接未知挑战做好充分准备。

是的，左边的第二、第三象限是"抱怨"，而右边的第一、第四象限则是"建设"。

所以，与其在第二象限追究"责任"，不如转念进入对角的第四象限提出"请求"；与其驻留在第三象限陷入负面"情绪"，不如转念进入对角的第一象限回归积极"理性"。

你看，当你能熟练使用"转念四象限"，你是否就迈出了从"黑洞"到"发光体"的第一步？

策略二：在行为上，你可以通过管理社交坐标系，刻意和"发光体"靠近。

你一定听说过一句话：**你的"收入水平"，是你经常来往的六个人的均值。**同样的，**你的"能量水平"**，也往往来

自你经常往来的六个人的均值。

具体要怎么做呢？你可以把你具体的社交对象，按照"很少见面—经常见面"以及"发光体—黑洞"两个维度，安放在以下四个象限当中。

针对"第一象限，发光体—经常见面"和"第三象限，黑洞—很少见面"，我们能做的并不多；但"第二象限，发光体—很少见面"以及"第四象限，黑洞—经常见面"则恰恰是我们可以进行"管理"的部分。

针对"第二象限"，你可以设法增加与对方接触的频次。以老同学 W 为例，他是你青葱岁月里的挚友，却因时空阻隔，仅能偶遇。面对这样的情况，何不主动出击，增加相聚的频率呢？

倘若对方因事务繁忙，难以抽身，又该如何是好？其实，即便无法面对面，通过电话交谈同样不失为一种维系情谊的良策。回想有一段时期，我承受着巨大的工作压力，夜半时分常被焦虑所扰，辗转难眠。为了不让日渐稀疏的发丝成为心头之痛，我决定采取行动。于是，每天午休之际，手捧一杯香醇的生椰热拿铁，漫步至河畔，在和煦阳光的沐浴下，与第二象限中的知己好友连线，借助线上交谈，为彼此的心灵注入温暖与力量，从而巩固这段滋养型的友情纽带。

通过这样的方式，即便身处忙碌与压力之中，也能寻觅到片刻宁静，与生命中那些珍贵的"发光体"保持联系，共同守护那份来之不易的友谊之光。

针对"第四象限"，你则要努力践行"远离消耗你的人"。你完全可以考虑逐渐减少与这类人的直接接触。当然，这并不意味着你需要完全切断与他们的联系，而是要在保护自己能量边界的前提下，理智地调整互动模式。比如，刻意地保持距离，仅保持在走廊上见面微笑的"点头之交"，就是一种不错的策略。

当你的身边有更多的"发光体"相伴，相信我，你也会逐渐成为这样一个"发光体"。

策略三：在日常行动中，你可以选择每晚睡觉前写"感恩日记"，成为"发光体"本"体"。

什么是"感恩日记"？它是一种通过记录日常生活中值得感激之事，来培养感恩心态的个人练习。它不仅仅是一本简单的日记，而是一个深度反思与情感培育的过程。每天花几分钟时间，写下至少三件你当天感激的事情，无论它们多么微小平凡。这些可以是来自家人精心准备的美食、来自同事请客的一杯奶茶、来自陌生人的一次善意帮助，甚至仅仅是早晨上班路上看到的一次丁达尔效应（你可以在抖音—何圣君的账号中，看到我拍摄下的这个画面，我给这段视频起名"人间值不值得"）。

定期记录感恩事项，不仅能帮助你更频繁地注意到生活中的积极面，从而提升整体的幸福感和满足感，还能增强你的心理韧性，在面对困难与挑战时，感恩日记中的正面记忆可以作为心理支柱，增强你的抗压能力和心理韧性。

我通常会把感恩日记写在我的一个云文档中，写完"感恩日记"，不仅能帮助我获得更好的睡眠，当我在情绪低落的时候重新打开它，也能让我从这一件件曾经让我愉悦的事情中获得能量和滋养。

当你也养成写感恩日记的习惯后，"抱怨"就很可能会从你的辞典中删除，转念之间的美好则将忽然出现在灯火阑珊处。

最后的话

有人说：不要抱怨生活，强者从不抱怨生活。

真正的转变，始于内心认知的觉醒与成长，终于每一个策略的实践与笃行。

正如每一颗星星，无论多么微小，都能在夜空中绽放出独一无二的光芒，你我亦能在生命的广阔舞台上，成为那束温暖人心、照亮前路的光。愿我们都能成为自己生命中最闪耀的"发光体"，不仅照亮自己，也温暖他人，共同创造一个充满爱与希望的世界。

2.8 不争辩，不与"傻瓜"论短长

你看过作家王蒙写的一篇短文《雄辩症》吗？

一位患有雄辩症的男子前往医院就诊。面对医生简单的一句请坐，他却质问道："为何强制我坐？你是否有权剥夺我站立的自由？"医生事先已洞悉其病症特性，未予直接回应，转而递上一杯清水，温和建议他："或许，喝水对你有益。"

然而，病人反驳："你的逻辑既狭隘又荒诞。并非所有水皆可饮，譬如掺杂氰化钾的水，便是致命之选。"面对这般无理取闹，医生仅以微笑回应，无意深究。

试图缓和僵局，医生转向轻松话题："今天阳光明媚，天气不错。"岂料，病人情绪愈发激昂："简直是无稽之谈！此处晴朗，并不代表全球同享。譬如北极，正遭受暴风肆虐，冰山相互撞击……"

眼见对话无法持续，医生只好宣告："你的状况我已明了，现在，你可以离开了。"病人闻言，愤怒道："即便身为医生，你也无权驱使我离去，医德岂容如此轻视！"

最终，医生选择沉默，专注于查阅病历，着手准备药物治疗方案，以便结束这场无果的交流……

※ 谁是"三季人"

在现实生活中，我们身边总有一些人，虽然没有这位身患雄辩症的病患如此夸张，但他们特别喜欢和人争论，无论谁说什么，"怼"上几句才过瘾。**如果你把注意力过多地投入到他们身上，不仅消耗大量时间，让自己精神受力，有时候甚至还会把自己气到抑郁。**

所以，为了减少这种不必要的消耗，你需要学会识别谁是"三季人"。

什么是"三季人"？它出自一个典故。

有一天，孔子的一位学生遇到了一个小插曲，他跟一个路人起了争执，原因听起来有点儿啼笑皆非——路人坚持说一年只有三个季节，而学生当然是坚持四季轮转的基本常识。两人就这样你一句、我一句，争得脸红脖子粗，直到太阳高挂都没个完。

这时，孔子刚好经过，学生赶紧拉住老师，一股脑儿地把事情的来龙去脉告诉了孔子，心里想着老师肯定会站在他这边。没想到，孔子看了看那个路人，竟然说："嗯，你说得对，确实一年只有三个季节。"学生一听，简直不敢相信自己的耳朵，但出于对老师的尊敬，他没再多说什么。

路人满意地离开了，学生却满腹疑问，等路人走远，他忍不住问孔子："老师，一年到底有几个季节呀？"

孔子望着远方，缓缓地说："当然是四个季节。"

"那您为什么说只有三个季节呢？"学生不解地追问。

孔子曰："此时非彼时，客碧服苍颜，田间蚱尔，生于春而亡于秋，何见冬也？"

意思是说："你看那个人，穿着绿色的衣服，看起来有点儿老气，就像田间的蚱蜢一样。蚱蜢春天出生，秋天就结束了生命，它们的世界里根本没有冬天这个概念，所以对他们来说，一年真的只有三个季节。"

孔子接着说："你和他争来争去，并不会有结果。因为他的世界里就没有冬天，你再怎么解释也没用。有时候，顺着他的话说，他就会心满意足地离开，这样不是更好吗？"

听完孔子的话，学生恍然大悟。

是的，**认知相同，争辩可以擦出思维的火花；认知不同，争辩纯粹浪费口舌。**

尽管这个故事并未收录于《论语》之中，经学者考究，它更像是后世编撰的寓言，但其寓意却深刻反映了日常生活中的常见情境——**人们往往不经意间卷入无益的争执漩涡，耗费心力于无效的辩论中。**故事中"三季人"的寓意，如同一盏明灯，指引我们在面对固执己见者时，应采取更为智慧的应对之道。

事实上，"夏虫不可以语冰"这一理念早在庄子的著作中便有所阐述，它揭示了与认知局限者争辩的徒劳无功。这不仅是对非理性争执的批判，更是倡导了一种处世哲学——并非每个人都能理解并接受道理，因此，无须执著于与所有人讲清道理。

这一思想的精髓在于，当我们遇到那些由于知识、经验或偏见限制，而无法理解或接受我们观点的人时，**强行辩论往往无法达成共识，只会加剧对立。因此，识别谁是"三季人"，适时选择沉默或以柔和方式回应，不仅能避免无谓的消耗，更能彰显个人的成熟与智慧。**

※ 如何具体应对"三季人"

克制与他人争论对错的欲望，是一个成年人最顶级的自律。

面对"三季人"，最好的应对方法，就是"不争辩"。

可是，要达到这个目标很难。因为在之前的章节中曾经讲过，在我们的大脑中，存在一个叫作杏仁核的情绪处理器，当"三季人"忽然抛出一个与你的基本常识向左的观点时，你的杏仁核就会报警，让你陷入情绪劫持的状态，这种状态会驱使你忍不住和对方争辩。

这时，最好的办法不是强行忍住冲动，而是对自己说一句"咒语"。我在我的另一本十万册畅销书《不强势的勇气》中，曾经提到过这句"咒语"：

刺激与回应之间存在一段距离，成长与幸福的关键就在那里。

对，这段"距离"就是**"暂停"**。这句话，也是如何具体应对"三季人"的**第一步**。**"暂停"不是强行忍住情绪，而是打断杏仁核所带来的情绪冲动。**这就好比你在开车时，突然遇到红灯，虽然你的本能是继续前行，但红灯提醒你必须停下。同样，在与"三季人"交流时，这句"咒语"就像一个心理的红灯，提醒你先缓一缓，别让情绪立刻反应，而是给自己创造空间，进行理性的思考和选择。

在完成暂停这一关键步骤之后，紧接着的**第二步正是做出"选择"**。这一"选择"并不局限于立即终止对话，尽管在某些情况下，果断结束没有意义的对话无疑是明智之举。

然而，现实的复杂性往往意味着，出于各种考量——可能是社交礼仪或是工作职责所在——你发现自己不得不继续这场对话，怎么办？面对这样的境况，你的"选择"应当是策略性的。

比如，**在决定如何继续对话时，你应当考量自己的目标、对话的潜在收益以及可能的代价。**如果对话的延续能够带来建设性的结果，例如增进理解、解决实际问题或是维护重要关系，那么继续交流就成为一种有价值的投入。反之，如果对话显然无法达成上述目标，反而可能导致情绪消耗或关系恶化，那么适时抽身则显得更加合理。

第三步是"重构沟通"，需要分不同的场景讨论。

一种情况是为了维持关系。我们假设你在一个家庭聚会上，与一位远房亲戚交谈。这位亲戚开始谈论一个你非常在行的主题，但他的观点明显基于错误的信息。你立刻感到杏仁核被激活，内心涌起一股想要纠正他的冲动。但是，你记得"刺激与回应之间存在一段距离，成长与幸福的关键就在那里"的"咒语"，于是你深呼吸，按下内心的"暂停键"。

在短暂的暂停之后，你评估了情况。考虑到这是家庭聚会，和谐的氛围比争论更重要，你与亲戚的关系比对错更重要，于是，你决定采取策略性沟通，而非直接驳斥。

你可以微笑着温和地说："哦，关于这个话题，我确实有些不同的见解，但我很好奇，你是从哪里得到这些信息的？也许我们可以一起探讨一下。"通过这种方式，你没有直接否定对方，而是邀请他分享信息来源，同时表达了愿意共同探索的兴趣。

随后，你可以继续说道："你知道吗，我最近读到一篇关于这个主题的文章，提到了一些有趣的事实，也许你会感兴趣……"

记住，你不需要说服对方完全同意你的观点。

当然，你也可以适时转换到一个轻松的话题，巧妙避开潜在的争论。

这个场景展示了在面对"三季人"时，如何运用"暂停"、"选择"和"重构沟通"策略的艺术。通过冷静思考和策略性选择，你不仅保护了自己的情绪和精力，还维护了和谐的人际关系，体现出为人处世的成熟和智慧。

另一种情况则是工作的职责所在。这又该怎么办呢？当工作职责要求你与"三季人"进行有效沟通时，情况变得更加微妙。你不能简单地回避或转移话题，因为任务的完成和团队的协作可能依赖于这次对话。在这种情况下，你的策略应当更加细致和专业，确保既能实现工作目标，又能维持良好的工作关系。

假设你是一名项目经理，正在与一位固执的团队成员讨论项目进度。这位成员坚持认为，当前的工作计划无须调整，而你清楚地知道，如果不做出改变，项目很可能会延期。当你感觉到杏仁核被触发，想要立即反驳时，记得先按下"暂停键"，深呼吸，给自己创造冷静思考的空间。

接下来，你应当采取一种结构化的沟通策略，以数据和事实为基础，而非情绪。你可以说："我非常感谢你对现有计划的信心，与此同时，在我们最新的风险评估中，发现了几个关键问题。例如，根据最近的市场反馈，我们需要调整××部分的设计，否则可能会影响用户接受度。我这里有详细的报告，我们可以一起看一下，探讨如何优化计划，以确保项目成功。"

这里的关键是，你没有直接否定对方的观点，也没有使用"但是、可是"这种代表转折的词汇，而是用了"与此同时"这类并列式的陈述策略，并提供了共同审视问题的机会，邀请对方参与决策过程。通过展示数据和分析，你让对话回归到理性讨论的层面，减少了情绪上的对抗。

在讨论过程中，保持开放和尊重的态度至关重要。即使对方的观点似乎缺乏依据，也要努力理解他们的立场，可以说："我理解你的担忧，我们确实需要考虑××因素。你有什么建议，我们可以怎样平衡这些因素，同时确保项目的顺利进行？"

通过这种包容性和合作性的沟通方式，你不仅提高了工作效率，解决了实际问题，还增强了团队凝聚力，展现了你的影响力和成熟。你看，尽管在工作场合中面对"三季人"的确要求更高的情商和沟通技巧，但只要掌握正确的方法，你也能将挑战转换为提升团队绩效和自身职业形象的机会。

最后的话

人际关系学家戴尔·卡耐基曾说："天下只有一种方法能得到辩论的最大胜利，那就是像避开毒蛇和地震一样，尽量去避免争论。"

面对"三季人"，真正的智慧不在于激烈的争辩，而在于选择不争辩的策略；真正的胜利不是说服对方，而是成就更从容的自己。在人生的剧本里，你既是主角，又是编剧，愿你用不争辩的笔触，绘出一幅幅和谐共生的美丽画卷。

03

第 3 章
冲破十大受力场景

3.1 总是在意别人的评价，怎么办

你收到过来自别人的"负面评价"吗？如异想天开、装腔作势、不接地气、情商"欠费"……甚至还有更难听的。你听到这些负面评价后，内心会有什么反应？

有些人可能笑一笑就过去了。但有些人会马上进入"精神受力"状态，即便她一遍遍告诫自己"这只是别人单方面的观点"，但身体却很诚实地受到了影响，脑海里不断地复现这些评价的声音，原本坚持的观点会发生动摇，严重的甚至还会影响睡眠。

哲学家叔本华说过：**"人性中有一个最特别的弱点，就是在意别人如何看待自己。"**

我们为什么会如此在意别人的评价呢？

※ 你在意评价的本质

在意他人评价的现象，究其根本，可追根溯源至人类的进化史与社会属性中。作为高度社会化的物种，人类对群体的归属感和他人的认可怀有本能的渴求，这种渴求源于生存与繁衍的原始驱动力。

在远古时期，部落的接纳不仅是社会身份的象征，更是生命安全与繁衍后代的保障。反之，被部落排斥意味着失去保护、食物来源和繁衍机会，几乎等同于宣告死亡的命运。尽管现代社会已远非昔日的丛林部落，但我们内心的传统机制，那份对被接纳与认可的渴望，依旧顽强地在我们的基因编码之中存活。

再进一步深入剖析，我们可以将这份对他人评价的在意归纳为内心的两层需求：

第一层需求指向外部世界，即对归属与认同的渴望。

作为社会性生物，我们内心深处存在着强烈的归属感需求。这种归属感不仅仅是心理安全感的基石，更是我们身份认同与社会角色定位的关键。负面评价的出现，就如同一面镜子，映射出你对被排斥的深层恐惧，这种恐惧激活了你对群体接纳的敏感度，让你时刻警醒于自己在社会网络中的位置。

第二层需求则来自内心，即对自我价值与自我认同的确认。

如果继续深挖，外部认同最终影响的是你对于自己的内部认同。起初，外部世界对你的评价，无论是正面还是负面的，都在无形中塑造着你的自我概念。当他人给予你肯定与赞扬时，这些正面反馈如同养分，滋养着你的自尊与自信，巩固了你对自我价值的认知。同样，负面的反馈也在塑造你，在刺伤你自尊心的同时，它们会引发你的自我怀疑。随着频次的提升，你的自我价值与认同就开始摇摆，于是，你就开始在焦虑与不安中挣扎。

如果让我们做一个思想实验：倘若你已经拿到了丰硕的结果，成为某领域内的大咖，声名显赫，成果斐然。此刻，若有一丝微弱的批评声试图闯入你的世界，你是否还会感到精神受力呢？抑或那份曾经令你忐忑不安的力量，如今是否已变得微不足道，如同轻风拂过水面，未能激起半点涟漪？

为什么会这样呢？因为此时此刻，你已经通过足够的成就确认了自己的价值，这让你拥有了强大的内核，它不仅能够帮助你抵御外界的冲击，更能赋予你的内心以不屈不挠的精神力量，使你在风雨中屹立不倒。当你拥有了这样的内核后，外界的评价，无论褒贬，都将被置于恰当的位置，成为你成长旅途中的风景，而非羁绊。

然而，问题的核心浮现于眼前：**在初踏征程之时，面对种种评价，尤其是那些看似尖锐的负面反馈，我们应如何保持内心的平静，持续前行，直至铸就坚固的内核呢？**

※ 三种策略，对抗评价

既然评价是由外而内影响我们的，那么我们也要顺应人性，由外而内让自己更容易去和外部评价做对抗。

➡ 策略一：构建正向的支持网络

首先，你可以设法寻找积极的倾听者，与他们进行积极的分享，如你亲密的朋友或家人，他们足够了解你，能够提供无条件的支持和安慰。当你遇到困难或负面评价时，可以向他们倾诉，他们的理解和支持能帮助你减轻压力。

又或者，你可以找到你的"支持小组"，找到那些与你有相似经历的人。在这个小组里，你可以分享自己的感受，获得他人的共鸣和支持。这种团体不仅能为你提供情感上的慰藉，还能帮你找到应对负面评价的具体方法。

其次，你还可以设法建立健康的社交圈。什么是"健康的社交圈"？其实只需要满足以下两点即可：

第一点，减少负能量。特别注意远离那些会给你带来负面影响的人。如果有人总是批评你或让你感到不快，考虑减少与他们的接触。

第二点，扩大社交圈。参加一些有趣的兴趣小组，如读书会、演讲俱乐部等线下组织，或者参与志愿者活动。这些活动能帮助你结识更多志同道合的伙伴，给你注入大量的心理能量。

事实上，在移动互联网时代，想要找到这群同行者已不再困难。只需支付少许门槛费，你就能加入各类以兴趣为导向的学习社群，置身于一个正向能量的场域。在这里，你不再孤单，因为有众多同好与你并肩作战，你们能彼此构建起一个坚固的支持网络。这份归属感，不仅让你在面对外界的质疑与否定时拥有了更多抵御的勇气，更是在精神上赋予你无限的智慧与力量。

更重要的是，社群内的每一次交流与碰撞，都像是冬日里的暖阳，能悄然驱散你心头的阴霾，让你即便身处逆境，也能看见前方的光明与希望。与志趣相投的伙伴们组队学习，不仅能够有效对抗惰性的侵袭，更能共同探索认知的新高度。

当然，加入这些组织只是第一步，毕竟，建立连接才是目的。你可以在其中仔细倾听和真诚分享。简单的回应是倾听，高级的回应则是共情，而分享本身就是一种表达热爱的方式。当你建立了这些连接，社群于你而言就会变得更有意义。

通过这些方式，你可以逐步构建起一个充满正能量和支持的社交网络。在这个网络中，你会发现自己更加容易处理负面评价，因为你不再孤单，而是有一群人在背后支持你。

的确，成长的道路从不平坦，沿途难免遭遇风雨与挑战。有句话说得好："一个人走得快，一群人走得远。"当你与一群频率相同、产生灵魂共鸣的伙伴携手前行，那份**由外而内的归属感，将化作一股无形的力量，引领你穿越重重迷雾，让你心中有光，脚下有路。**

➡ **策略二：事以密成，语以泄败**

如果你暂时无法加入这样的学习社群，你要如何保护你的自我认同感呢？答案是：**事以密成，语以泄败。**

毕竟，生活的真相是，无论怎么做，你都不能让所有人满意。所以与其如此，不如设法避免别人来品头论足，自己

悄悄进行你的秘密项目。

作家万维钢曾在其专栏《精英日课》中，讲述了一位非凡人物的故事华裔数学家张益唐。在名声未显之时，这位未来的加州大学数学系终身教授，为了生计奔波于餐馆之间，担任餐厅会计。然而，生活的重压并未磨灭他内心的热忱。在那段艰苦岁月中，张益唐坚守着对数学的执著，下班后就悄悄花时间钻研。

尽管这些努力并未立即带来物质回报，但正是这样日拱一卒，终有一天，"孪生素数猜想"这一横亘 2000 余年的数学难题，在他的手中揭开了神秘面纱。

万维钢老师随后分享，自己早年在投身物理研究时，也在悄悄进行一个秘密项目——创作一本与物理学毫无关联的书籍。他形容，白天与夜晚的身份转换，自己就像一名潜伏的地下党员，那种既神秘又刺激的感受，唯有亲历者方能体会。

而我，也曾在自己的生活中找到这份隐秘的激情。当我初次涉猎写作时，我曾把这份豪情壮志向很多人吐露。但换来的不是鼓励，而是很多劝我放弃的声音。

"你没有写作的天赋。"

"你知道出一本书多难吗？"

"你就算写完了，也不会有出版社为你出版的。"

在这些来自身边人的评价中，我的心理能量逐渐枯竭，终于放下了笔，而这一放就是七年。幸亏七年之后，在 2015 年年底，我开设了公众号，每天清晨五点至六点，我化身为一名作家，悄悄开启我的秘密项目，沉浸于书写的世界。

一本又一本完成并出版的书籍，不仅为我的职业生涯开辟了全新的道路，更在心中种下了宏大的愿景——一生撰写 50 部作品。这份承诺，犹如一颗种子，在"秘密项目"的滋养下，悄然生根发芽。到目前为止，我已写作 11 本书，其中包括两本 10 万多册的畅销书。

这三个故事，无论是张益唐教授的学术奇迹，还是万维钢老师与我个人的秘密项目，都昭示了一个共同的道理：**在平凡生活的背后，每个人都可能怀揣着不平凡的梦想。但在最初时，请千万别对外透露，因为正是你开启秘密项目的方式，让你屏蔽了外界的评价与干扰，为你留存下宝贵的心理资源。**

➡ 策略三：做长期主义者，修建自己的护城河

当你与周围的人步伐相近，只因某一点微小的优势而略胜一筹时，似乎每个人都有资格对你品头论足。他们的声音，或赞美，或嫉妒，或不解，如同四面八方的风，时而温暖，时而刺骨，让你在前进的路上，不得不侧耳倾听，小心翼翼。

然而，请想象一下，当你不再仅仅追求那一步之遥的领先，而是决心以梦为马，策马奔腾，远远超越身边的人。你，就像夜空中最耀眼的星辰，独自闪烁在高远的天际。这时，你猜猜看，那些曾经的评判者会作何反应？

答案很简单，却又无比深刻：**在你的光芒面前，所有的言语都显得苍白无力。**他们能做的，唯有举起双手，为你点赞。因为你已经站在一个新的高度，那里，更多的是赞许与敬佩，而少有杂音。

比如周梅森，这个名字，你可能比较陌生，但提到他的代表作，你一定如雷贯耳。年轻的他，身处煤矿工厂的尘土之中，手中紧握的却是笔杆而非铁锹。尽管识字不多，仅有3000余字，但他的心中却藏着一颗成为优秀作家的种子，那梦想的光芒，足以照亮漆黑的矿井。

白日里，他与工友们一同挥洒汗水，在矿井深处挖掘生活的艰辛。夜晚降临，当工友们沉浸于牌局与闲谈之时，周梅森却选择了一条孤独的道路。在昏黄的煤油灯下，他埋首书卷，笔耕不辍，仿佛在与时间赛跑，追逐着那遥不可及的文学梦。

然而，追梦之路从不平坦。工友们起初的好奇，渐渐转为嘲笑与不屑。"你想当作家？别做梦了！""一个挖煤的，妄想成为作家，真是异想天开！"这些尖锐的话语，如同利箭，一次次射向周梅森的心房。尤其是当他满怀希望投稿，却屡遭退稿时，工友们更是戏谑地喊道："稿费（废），稿费（废）。"嘲讽之声此起彼伏，如同寒风中的冰凌，刺骨而冷酷。

面对这一切，周梅森没有选择反击，而是选择成为一名长期主义者，一块砖一块砖地修建自己的护城河。在无数个不眠之夜，他与文字为伴，用心血浇灌着梦想的花朵。

经过多年的深耕细作，周梅森的名字开始在文坛崭露头角。2017年，一部名为《人民的名义》的电视剧横空出世，瞬间引爆荧屏，而作为原著作者兼编剧的周梅森，也随之迎来人生的重大转折。

工友可能还是工友，但践行长期主义的周梅森则站在护城河的城墙上，成为万众瞩目的大作家。

路虽远，行则将至；事虽难，做则将成。

而那些曾经的嘲笑与质疑，如今看来，不过是拿到结果之路上一粒粒微不足道的沙砾。

最后的话

在人生的长河中，我们时常会被各种声音包围，其中不乏那些试图定义我们、限制我们的言论。但请不要让别人的怀疑，浇灭你内心的火焰；不要让外界的噪声，掩盖你内心的呼喊。

在具体的行动策略上，构建正向的支持网络；践行事以密成，语以泄败；做长期主义者。用一件件做成的事情组成你自我认同感的基石。

请一定相信：你的价值，不在于别人的评价，而在于你为这个世界带来了什么。

总忍不住和别人作比较，怎么办

想象这样一幕：岁末之时，你收获了两万元的奖金，心里正洋溢着一份暗暗的喜悦与成就感。然而，紧接着的消息如同冷水浇头——你发现同组的同事们各自的奖金数额竟是三万元。此刻，你的心境体验或许就像乘坐了一趟情绪的过山车。

初时的欣喜若狂，源自对个人努力得到认可的欣慰，以及这笔意外之财可能带来的种种美好设想。它如同冬日里的一缕温暖阳光，照亮了你对未来的期盼。

随后的猛然坠落，不是因为那两万元本身失去了价值，而是比较的天平在不经意间倾斜，让你的内心感受到落差与不甘。这种感觉，就像从云端瞬间跌入谷底，四周的空气似乎都凝固了失望与自我质疑。

※ 比较中的脑科学与心理学

作家朱凌曾说：**"将自己的生活沉浸在一个不断与人比较的困境中，是一种痛苦，更是一种悲哀。"** 可是，我们为什么总忍不住和别人做比较呢？脑科学与心理学中有答案。

脑科学认为，在这一情绪起伏的过程中，大脑扮演着关键角色。当我们初次获得奖金消息时，大脑中的奖赏中心——主要是**伏隔核**区域——被激活，**释放多巴胺**等神经递质，带来愉悦感和满足感。这正是"欣喜若狂"的生理基础，仿佛大脑在对我们说："干得好，这是你应得的奖励！"

然而，当得知同事奖金更高的消息后，大脑的反应迅速转向。**杏仁核**又出场了，这个处理情绪特别是负面情绪如恐惧、愤怒和悲伤的区域开始活跃起来，同时**前额叶皮层**，负责理性思考和决策的部分，也开始进行价值评估和比较。这种比较不仅基于实际的金钱数额，更关乎地位、公平感和自我价值的认知。此时，**大脑可能会释放压力激素皮质醇**，引发焦虑和不满，导致"猛然坠落"的心理体验。

这一系列复杂的神经活动，揭示了比较心理背后的生物学机制。它说明，尽管比较是人类天性中的一部分，旨在帮助我们在社会群体中定位自己，但它也可能成为一种负担，干扰我们的情绪平衡和自我评价。

心理学又是如何看待"比较"的呢？

心理学对比较行为有着深入的探讨，其中最著名的理论之一是社会比较理论，由美国社会心理学家利昂·费斯廷格（Leon Festinger）提出。费斯廷格指出，人们有一种基本驱动力，即评估自己的能力和价值，而这种评估往往通过与他人比较来完成。比较可以分为两种类型：**上行比较（与自认为比自己更好的人比较）**和**下行比较（与自认为不如自己或处境更糟的人比较）**。

在上述情境中，你进行了上行比较，即将自己的奖金与同事的进行对比，并感觉自己处于劣势，这种比较方式容易引发不满、嫉妒甚至自卑感。**心理学研究表明，长期的上行比较会损害个体的心理健康，降低生活满意度，而适当的下行比较则能提升自尊和幸福感。**

※ 摆脱比较焦虑的应对心法

➡ 心法一：理解，各有各的好，各有各的恼。

你渴望着同事丰厚的报酬，却不了解同事为职业生涯牺牲了多少个人时光；你憧憬着挚友的自由职业，却未曾体会那份伴随着不确定性的重负；你向往名人的璀璨星光，却忽略了他们因丧失隐私而承受的苦楚与重压。

世间万般生活，各自承载不易，每一道闪耀的光芒背后，都隐匿着不为人知的阴霾。懂得透视他人辉煌背后的辛勤付出，明了每一份成就均源自不懈努力，方能使我们更加珍视眼前的拥有，淡化那些并无意义的艳羡与攀比。

第 92 届奥斯卡金像奖最佳真人短片奖《邻居的窗》，引发了众人心灵深处的共鸣。

一对肩负抚养三个子女重担的夫妇，日常充斥着辛劳与争执，疲惫几乎成为生活的常态。

相比之下，对面窗棂之后那对恋人的生活宛如童话，充斥着温馨与浪漫，成了这对夫妇心中既美又妒的梦幻泡影。

然而，命运突转，那扇窗后的青年因不治之症溘然长逝。

　　在哀伤的余烬中，幸存的女子泣不成声地透露，她所窥见的，恰是这个五口之家的宁静与满足——那正是她与伴侣曾经渴望却无法触及的生活图景。

　　你可能觉得这个故事离你太远，没关系，我们再来看一个离我们近一些的。

　　一位社交平台上的人气博主曾分享她的另一面故事。面对如潮水般涌来的赞美与羡慕，她坦诚相告："屏幕前的光鲜——高收入、显赫学历、光鲜外表，是世人眼中的滤镜，而真实的自我，藏在了镜头之外，不为多数人所见。"

　　她自揭伤疤，以亲身经历诉说着不为人知的过往：家庭破碎，父亲不幸离世，留下的是无依无靠的孤独与经济的拮据。在那段黯淡时光里，区区 20 元的遗失足以令她在寒风中的操场泪流半日。严冬时节，她在一家商场门前做礼仪小姐，衣着单薄，面对同事们去喝奶茶的热情邀请，她犹豫了。她知道一杯奶茶的价格是自己一天薪水的 1/5。她看着那杯热腾腾的奶茶，深吸一口气，抿着嘴，尽管渴望那份温暖，但她依然坚决地摇了摇头。

　　博主直言，她的时间大多被工作填满，当她收到粉丝的艳羡之词时，也会悄悄浏览粉丝的页面，羡慕他们简单而纯粹的快乐——与亲朋的欢聚，家庭的温馨，这些平凡的幸福瞬间对她而言，同样珍贵而遥远。

　　她以深刻的感悟作为分享的结语："我深信，每一次无意识的比较，都是对自己生活故事的轻视与否定。我们各自走在不同的路上，背负不同的行囊，每一步都算数，每一份经历都是独属于自己的宝贵财富。"

这位博主的故事，是给所有人的温柔提醒，正如诗云："**你在桥上看风景，看风景的人在楼上看你。**"

或许，你视为平庸的日常，正是他人眼中难以触及的幸福彼岸。

人生大抵便是如此：**久居山林则心向闹市，身处喧嚣又渴望宁静；食尽膏粱，反觉粗茶淡饭之香。人心，总是在不同的风景间徘徊，追寻着那份不曾拥有的美好。**

➡ **心法二：转化，将"比较焦虑"转化为成长燃料**

既然"比较焦虑"植根于我们的生物本能，杏仁核的自然反应难以回避，那么，与其无谓地抗拒人性，不如巧妙地驾驭这份情绪的能量，使之成为推动自我提升的强劲动力。在与他人"上行比较"的旅程中，主动挖掘并借鉴那些令人心生敬意的闪光点，让每一次的比较不再是心灵的负累，而是蜕变的序曲。

通常人们在进行"上行比较"时，主要会产生两种典型的情绪。

第一种，嫉妒。它源于对他人成就的强烈渴求，以及未能自我实现的遗憾。面对嫉妒，关键在于如何疏导这股能量，不让它烧毁内心的平和，将其转变为对自我提升的渴望和对目标的清晰规划。学会询问自己：**"我真正嫉妒的是什么？**

这份情绪背后，我真正想要达成的是何种成就？"通过这样的自我对话，嫉妒便能成为自我超越的火种，照亮前行的道路。

一旦你明确了内心真正追求的成就，目标随即变得明朗，而你的"上行比较"也将自然而然地过渡到第二种——钦佩。

第二种，钦佩。这是一种更为积极且建设性的情绪。不同于嫉妒的焦躁与不满，钦佩源自对他人的真诚认可与尊敬。当你开始深入理解那些你原本嫉妒的对象背后所付出的努力、展现出的才华或是坚持的原则时，嫉妒的冰霜逐渐融化，转而化作对他们的深深钦佩。这种情绪转变，标志着你的心态从对抗走向了学习与吸收。

钦佩促使你客观地看待他人的优点，不再仅仅是羡慕成果，而是开始欣赏并渴望理解他们成功的方法和路径。你开始主动寻找他们身上值得学习的品质和技能，比如他们如何高效管理时间、如何坚持不懈、如何在逆境中寻找机遇。这样的比较不再是简单的数值或成就的堆砌，而是变成自我成长的灵感来源。

通过钦佩，你学会了将比较的视角从"我为何不如他们"转变为"我如何能够像他们一样"，从而开启自我提升的新篇章。你开始设定更具挑战性的目标，并且这些目标不再空洞，而是充满了意义和可行性，**因为你已经从你钦佩的人那里找到了实践的榜样和动力。**

　　上高中的时候，我有一位高姓朋友，那时我的字迹虽达不到隽秀华美，但也算得上工整。然而，某次我惊奇地发现，向来写字平平的他，字迹间竟悄然绽放出一种井然有序的美感。一番探询，才知他在过去的几个月里默默下功夫，勤练钢笔字帖。受此激励，我趁紧随而来的悠长暑假，用省下的20元零花钱购置了一本硬笔书法教材，踏上了每日刻意练习的征途。如今回顾，我深感那个暑期的刻苦训练是我宝贵的财富，它不仅赐予了我一手漂亮的字迹，更为我的人生铺垫了一项持久受益的技能。

　　你看，一旦"比较"不再是负担，而成为自我驱动的引擎，你就可能学会如何从他人的成功中吸取养分，同时也保持对自己的诚实和尊重。这种健康的比较态度，能够让你在追求卓越的道路上既不失动力，又不失方向，每一步都走得更加坚定和自信。

最后的话

　　你可以选择：不在比较中沉沦，只在比较中成长。

　　洞悉每个人的旅程都有其不完美之处，你将学会对他人生活艳羡的释怀；让每一次比较激起的心潮，转变为自我提升的阶石，你终会明白，沿途最绮丽的风光，恰恰铺展在不懈攀登的每一步中。

　　在生命的远航里，愿你能怀揣这份洞见，将比较的刺丛织成通向自我圆满的荣耀之冠，任心灵在成长的航道上，绽放出独一无二的光彩。

3.3 对事情太认真、太上心，心很累，怎么办

凡事加了一个"太"，听起来就不是什么好事儿。"太认真、太上心"，就是。

太认真，往往映射出你肩上承载的重担与自我要求的严苛，这份严谨与专注，不经意间构筑起一座名为"我执"的城墙。在这座城内，你的眼睛被放大镜取代，每一个微小细节都逃不过你的审视，随之而来的是对周遭工作质量的不自觉挑剔，总觉得他人所做的不尽人意，最终，你独自挑起大梁，淹没在无尽的任务海洋中，忙碌成了生活的常态。

当谈及职场中本应有的福利，如短暂的休假，你却似乎背负上了莫名的罪恶感，仿佛享受这份权益是种奢侈。在向主管申请休息之前，你已在内心有无数次的预演，生怕这样的请求会打破你"永不言倦，一把'卷'尺"的形象。这种状态，不仅消耗了你的精力，还模糊了工作与生活的界限，让心灵的休憩之地变得遥不可及。

太上心，它仿佛一根无形的细线，悄然串联起你与周遭人的情感世界。你对每个人的感受异常敏感，任何微小的情绪波动都可能触动你的心弦，让你不由自主地想要安抚、解

决，甚至为此耗费大量的私人时间和情感资源。你总是第一个察觉到别人的不适，最后一个放下对他人的担忧，久而久之，这份过度的关注也会转变为一种精神受力，让你在关心他人的同时，忘记了自己也需要被理解和关怀。

而且，在职场中，在面对工作反馈时，不论是正面还是负面，你都倾向于过度解读，一句普通的建议可能在你心中掀起巨浪，使你反复思量，生怕自己做得不够好，或是误会了他人的意图。这种高度的情感投入，虽然体现了你对工作的热情和对团队的忠诚，却也可能让你变得异常脆弱，任何风吹草动都能让你的心情起伏不定，影响了情绪的稳定与工作的效率。

是啊，太认真，太上心，心很累，怎么办？

要解决这个问题，我们需要追根溯源，针对本质找到解决方案。事实上，"过于认真与上心"的背后，主要有三大核心动因：**高成就动机、完美主义倾向、缺乏安全感**。接下来，就让我们逐一剖析这些因素如何塑造了你的行为模式，并探讨应对之策。

※ 原因一：高成就动机

高成就动机本来是好事，它在你年少的时候，曾经帮助你一路过关斩将，让你在学业上取得优异成绩，在各种竞赛中脱颖而出。尤其在学生时代，这种高成就动机促使你努力学习，为了提高成绩，主动参加各种辅导班，或者每天自己花费大量时间复习功课、做练习题。别人玩耍的时候，你在埋头苦读；别人休息的时候，你还在挑灯夜战。最终，你在考试中名列前茅，成了老师和同学眼中的佼佼者。

但随着年龄增长，这种高成就动机可能会走向极端。你渴望在每一个领域都做到最好，不容许自己有丝毫的懈怠和失误。比如，在工作中，你不仅要完成任务，还要超越所有人的预期，哪怕为此牺牲大量的休息时间。你对每一个项目都全力以赴，为了一个方案能够完美呈现，你反复修改，查阅大量资料，请教多位专家。即使已经达到领导的要求，你仍然觉得不够好，继续不断完善。

我的身边也有这样的朋友，我的一个朋友在一家出版公司工作。每次接到新的出版项目，她都给自己设定极高的目标。有一次，为了一个重要作者的图书出版策划案，她连续一周每天只睡四五个小时。她精心打磨每一个细节，从选题策划到内容撰写，再到装帧设计，都力求做到无可挑剔。虽然最终方案得到客户的高度认可，但她自己却因为过度劳累而生病住院。

这样过度追求成就，虽然可能会在短期内带来一些显著的成果，但长期来看，却会让自己身心受力，甚至影响工作和生活的平衡。

我们说：“人生不是短跑，而是一场马拉松，慢慢来，才比较快”。

罗马并非一日建成，保持每天都在往目标的方向迈进，哪怕步伐微小，只要方向无误，你都可能拿到结果。

以我个人的实践为例，同样身为一名高成就追求者，尽管现已出版 11 本书，其中两部更突破了 10 万册销量的里程碑，但我的日常要求却异常简单：每日确保落笔 500 字就算完成当日目标。区区 500 字，不过是我日常半小时轻松耕耘的结果，但当灵感的潮水涌来，笔尖便随思绪翩翩起舞，半小时的轻描淡写常常演变为 1000 字乃至 2000 字的洋洋洒洒，而这一切的发生，皆在心流的欢歌中自然流淌，毫无勉强，唯有享受。

因此，面对同样的高成就动机，你不妨也选择细水长流，而非一时的激流勇进。正如我所钟爱的那句话所述："**流水不争先，争的是滔滔不绝；小草不争高，争的是生生不息。**"在追求卓越的道路上，以持续而稳定的步伐，慢慢前行，抵达心之所向，获得你要的成就时，心生欢喜，身心愉悦。

※ 原因二：完美主义倾向

你内心深处一直怀揣着对完美的强烈追求，无论是对自身的要求，还是对周围事物的评判，你都设定了极高的标准。这种对完美的执著，源于你对品质和卓越的渴望，期望每一个环节都能达到尽善尽美的境界。

当一件事情未能达到你心目中预先构想的理想状态时，

你内心便会涌起一股强烈的不安和不满情绪。这种情绪并非源于外界的压力，而是源自你对自我设定的超高期望未能得到满足。

这种完美主义倾向在你处理事情的过程中表现得尤为明显。你会反复检查自己的工作成果，哪怕是一个微不足道的小细节，也绝不放过。你不断修改，哪怕只是一个标点符号使用不当，或者是一行文字的排版不够美观，都要重新调整。

就好比装修房子，哪怕只是一个小角落的颜色稍有偏差，与你最初设想的色调有一点点不同，你都会毫不犹豫地选择重新来过。你会花费大量的时间和精力去寻找最合适的涂料，聘请最专业的工人，只为了让那个小角落也能符合你心中的完美模样。

这种完美主义虽然能在一定程度上保证事情的高质量完成，但也让你陷入了无休止的自我折磨之中，消耗了大量的时间和精力，给自己带来巨大的压力。

化解之道，也很简单，正如投资大师查理·芒格所倡导的简洁哲学：**"适度调低预期"**。芒格有言在先，若欲达成长期稳健的复利增长，秘诀在于适度减低你的期望阈值。这并非易事，起初或许会让你感到不适，但随着时间的推移，你会发现让预期贴近现实，能有效避免情绪的过度波动，守护内心的平和，避免过度焦虑与失落。

至于实践层面，我们不妨回顾 2.4 节面对"完美主义"的原则：**提高总体预期，降低具体预期；长期高标准，短期**

低要求。在宏观层面维持雄心壮志，激励自我不断向前，而在微观操作上，则可以细化并调低具体目标，使之更加切实可行。这意味着，**既要胸怀星辰大海的远大梦想，又要脚踏实地，一步一个脚印地扎实前行**。如此，既不丢失梦想的指引，又能在每一步的实现中收获满足与快乐，让旅途中的每一步都坚实而有意义。

※ 原因三：缺乏安全感

过往的经历在你的内心深处留下了阴影，让你缺乏足够的安全感。这种安全感的缺失，使你在面对生活中的各种事情时，总是处于一种不安和担忧的状态。

举具体的例子来说，这可能体现为你每次出门前，都会不厌其烦地检查钱包、手机和钥匙是否安稳在包内，同时也不忘回头确认煤气阀门是否拧紧，确保家中安全无虞；在公共场所寻找座位时，你更偏爱那些不起眼的角落位置，最好每次都能坐到同一个熟悉的角落，这样的位置让你感到格外安心；而到了夜晚就寝，你或许会无意识地蜷缩起身体，仿佛这样能获得更多的庇护与安慰，这样的睡姿成为你每晚不变的习惯。这些行为虽细微，却深刻反映了你对秩序、安全的内在追求与依赖。

而在工作上，你觉得只有通过对事情的极度认真和上心，才能够牢牢地掌控局面，从而避免不好的结果发生。在你的潜意识里，仿佛只有付出更多的努力，才能增加事情朝着理想方向发展的可能性。

又如在人际关系中，你总是小心翼翼地对待每一次交流。你在开口之前，会反复思考自己要说的话是否恰当，是否会引起对方的反感。在与朋友相处时，你时刻关注他们的情绪变化，一旦发现有任何不对劲，就会反思是不是自己哪里做得不好。你害怕因为自己的疏忽而失去朋友，所以总是尽力去迎合他们的需求，哪怕有时候这会让自己感到疲惫和委屈。

你看，不安全感是让你发展出讨好型习惯的原因之一。

在与合作伙伴交流时，你也会谨小慎微。每一份合同、每一次沟通，你都反复确认细节，生怕因为自己的失误而导致合作破裂。你总是过度担忧，害怕因为一点小差错而失去重要的合作机会，影响自己的职业发展。

这种由于缺乏安全感而导致的对事情过度认真和上心，虽然在一定程度上能减少出错的概率，但也让自己长期处于高度紧张和焦虑的状态，无法真正享受生活和工作带来的乐趣。

那怎么办？我接下来要给你介绍的**"安心八步法"**，值得你认真践行。

第一步：寻找自我认知。认真回顾自己的过往经历，尤其是那些导致安全感缺失的关键事件，将它们写下来。**因为真正的勇士，敢于直面恐惧。**

第二步：**设定现实目标。**制定一些短期内可实现的小目标，目标要具体、可衡量。例如，本周在与人交流时，<u>减少两次小心翼翼的意识，比如减少用"您"来称呼领导，或者刻意不去秒回别人的信息</u>。通过实现这些小目标，逐步积累自信心。

第三步：**调整自我对话。**每当出现不安和担忧的情绪时，尝试用积极的自我对话来取代消极的想法。比如，<u>从"我好像还差些火候"转变为"我已经做好了准备，可以做好的"</u>。

第四步：**建立支持系统。定期与能滋养自己的好友交流，分享自己的感受，**寻求他们的倾听、理解和支持。

第五步：**练习正念冥想。**每天花 15 ~ 20 分钟练习深呼吸、冥想或渐进性肌肉松弛等放松方法。当感到紧张时，及时运用这些技巧来缓解身体的紧张反应。

第六步：**逐步挑战自我。**从小的冒险开始，比如尝试新的餐厅、独自 Citywalk（城市漫游）一天等。每次成功的挑战都能增强对未知的适应能力和自信心。

第七步：**记录你的进步。**准备一个笔记本，记录自己在克服安全感不足方面的每一个小进步，包括自己的感受和应对方法。定期回顾，以增加自己的自我效能感。

第八步：**接受不太完美。**每当感觉精神受力时，告诉自己：<u>允许自己犯错和有所不足，允许一切发生</u>。

最后的话

在追求卓越与自我超越的旅途中，我们难免会遇到"太认真、太上心"的时刻，它们如同生命中的双刃剑，既推动我们前行，又让我们背负重担。但是请注意，**真正的力量源于对自我的深刻理解。** 正如苏格拉底所言："认识你自己。"通过深刻洞察背后的原因，我们学会了如何在"刚刚好"与"过度"之间找到那微妙的平衡点。

让我们带着这份新领悟，继续在人生的旷野上，松弛地前行。不是要放弃对美好的追求，而是学会以更加从容的策略、更加宽广的心态，去欣赏沿途的风景，享受过程的每一个瞬间。

最好的自己，不是在追求完美的疲惫中胜出，而是在我们能否温柔地对待自己，勇敢地拥抱每一个不完美的瞬间，活出独一份儿的精彩。

3.4 对已经发生的失误很介怀，放不过自己，怎么办

一位职场上的奋斗者小 A，好不容易争取到一次晋升答辩的机会。但他由于是"首次应战"，难免紧张。结果在答辩阶段，不慎脱口而出一句话，现场的评委皱起了眉头。事后，他内心深处坚信，正是这句不经意的言辞偏差，成了他通往晋升之路上的绊脚石。自那日起，答辩的每个细节，尤其是那句失言，如同循环播放的影片，在他的脑海中不断重现。小 A 无法停止幻想，假若当时心境能更加平和，表达更加精准，结局是否就会改写？

同样的，公司年终总结大会上，站立在聚光灯下的小 B意外遭遇了记忆的空白，那一段本已熟练于心、精心准备的核心论述，竟在关键时刻从她的思绪中悄然溜走。尽管她的整体演讲依旧赢得了同事们的赞许，可小 B 自己却深陷于"那段忘词儿的片段"中无法自拔，认定这次缺失破坏了演讲的整体和谐，或许已在领导及同事心中留下了不够完美的印记。此后的日子里，她反复在脑中回放那一刻的情景，沉溺于构想那未曾出口的完美言辞。

还有小 C，身为一名频繁穿梭于国内外的商务精英，小 C 在某次蕴含重大意义的差旅前夕，因熬夜整理会议资料直至深夜，不幸翌日清晨睡过了头，错失了预订的国际航班。尽管他即刻行动，重新规划行程并顺利赶上了紧要的商务会议，但那次错过的航班却印刻在他的脑子里，仿佛一块磐石，沉重地压在他的心上，难以释怀。小 C 不时回溯到设置闹铃的那个晚上，内心反复质问自己为何没有采取更多预防措施，增设提醒？

以上案例中的三位，面对各自经历中的失误，均陷入了难以释怀的心理状态，无法放过自己，这种现象在心理学上，被称作"心理反刍"。

※ 心理反刍

什么是心理反刍？ 简单来说，就是当一个人遇到不愉快的事情后，他会像牛反刍食物那样，不断地把那些不开心的经历，以及这背后的原因和可能引发的后果，在心里一遍遍地咀嚼和回味。

这就如同俄国作家契诃夫笔下《小公务员之死》里的主人公，他是一位低级文官，在剧院看戏时不小心向一位高级官员打了个喷嚏。尽管这位官员最初并未在意，但主人公却对此耿耿于怀，反复道歉，担心这一无心之举会影响自己的职业生涯。随着他的担忧日益加深，主人公的健康状况逐渐恶化，最终因为过度的心理负担去世。

尽管小说的讽刺略显夸张，但现实中，的确会有不少人由于生活中的一次挫败或失误，就进入了心理反刍状态。这个过程就像是在心上划了一道口子，反刍者时不时就要去触碰那道伤口，让它难以愈合，继而持续影响着自己的心情和精神状态。

如果你也曾进入这种心理反刍的状态，你会发现，自己总是在那些场景中兜兜转转，似乎有个循环播放的磁带在脑海中怎么也关不掉。虽然我们清楚反复咀嚼负面经历于己无益，为何仍会深陷心理反刍的漩涡？

其实，心理反刍的根本，在于一种面对不理想现实时，试图通过不断思考来寻求掌控感的"不接受"心态。

这种心态与积极的"反思、反省"截然不同，它不仅无法带来积极的改变，反而会带来负面的影响。以小 A、小 B 和小 C 为例，心理反刍对他们造成的危害主要体现在下面三个方面。

首先，情绪困扰不断加深。 小 A 的晋升答辩失误让他陷入了自责与焦虑的深渊，这种情绪的累加不仅会蚕食他日常工作的动力，还潜藏了长期抑郁的风险。小 B 虽然演讲整体成功，但由于对那次忘词耿耿于怀，情绪的起伏影响了自我认知，降低了工作热情。至于小 C，对一次航班错过的过度在意引发了不必要的压力，加剧了身心的疲惫。

其次，心理反刍还会耗损自我效能感。例如小 A 在反复的自我质疑中，开始动摇对自己沟通技巧和职业前程的信心，这种自我怀疑成了他面对新挑战时的绊脚石。小 B 如果不进行干预调整，则很可能会因为害怕重蹈覆辙，在后续演讲中变得过分小心，甚至回避演讲，这实际上是在削弱她在领导力与专业展示方面的自信心。小 C 在日后的差旅准备中，由于过分在意之前的疏忽，也可能导致过度谨慎，继而影响工作效率和决策的高效性。

最后，则是认知功能的受阻。持续的心理反刍会严重消耗小 A、小 B 和小 C 的心理资源，分散他们的注意力，同时还会让他们的大脑分泌大量皮质醇这类压力激素，从而抑制创新思维的发展。倘若三人总是沉浸在心理反刍中，就容易过分纠缠于细枝末节，进而忽视宏观规划与战略考虑。

所以，和很多人想象的不一样，心理反刍非但没有促进他们从错误中吸取教训、实现成长，反而会束缚他们的个人成长和职业生涯的拓展。

※ 三招脱困心理反刍

如果你也经常对已经发生的失误很介怀，放不过自己，那么该怎么办呢？

第一招：心理解离。

心理解离是一种有效的心理技巧，它能帮助你以一种超然的态度，将自己从强烈的情绪体验中抽离出来，以便更清晰、更理性地看待已发生的事件。心理解离不仅仅是一种思维的转换，更是一种自我同情和自我保护的实践。

具体要如何践行解离呢？有三种实践行动。

实践行动一，角色扮演。

你可以想象自己是一个旁观者，或是你信赖的朋友、家人，正在倾听你讲述这个经历。试着用第三人称来叙述整个事件，比如"她在那次演讲中出现了忘词的情况"，而不是"我忘词了"。这样可以帮助你拉开与负面情绪的距离，以更加客观和中立的角度分析问题。

实践行动二，让事实与感受分离。

明确区分事实与你的感受。事实是客观存在的，比如"我在会议中提出的意见未被采纳"，而感受则是主观体验，如"我觉得自己很失败"。在纸上分别列出这两部分，这样做可以有助于你看清哪些是实际情况，哪些是情绪的附加物，从而有针对性地处理。

实践行动三，做仁慈对话。

想象一下，如果你的好友经历了同样的失误，你会如何安慰他们？将这些温暖、鼓励的话语用来安抚自己。比如，"每个人都会犯错，这次并不代表全部"，"从这次经历中学到的，比任何成功都宝贵"。这种自我对话能够增加自我接纳，减轻自我批判。

　　心理解离的目的，是让你不再被过去的情感漩涡所吞噬，学会以更健康、更富有同情心的方式对待自己。作为一种自我疗愈的有效手段，心理解离能帮助你从过去的阴影中走出，迈向更加光明和积极的未来。

　　第二招：动起来。

　　这里所说的"动起来"，借鉴了心理学中的一个重要概念——"具身认知"（Embodied Cognition）。具身认知认为，我们的身体体验和动作直接影响着我们的认知过程和情绪状态。简言之，身体的活动不仅能够促进生理上的健康，更能从深层次上改变我们的心理状态和思考方式。

　　因此，采取行动，让身体动起来，便是缓解由心理反刍带来负面影响的一剂良方。"动起来"可以细分为下面三个递进的层次：

　　第一个层次，从静止到活动。

　　当你从静坐转变为活动状态，比如散步、慢跑或进行任何形式的身体运动时，这种物理活动不仅能够促进血液循环，增加氧气供应到大脑，还能激发大脑释放如内啡肽这样的自然愉悦物质，有效改善心情，减轻焦虑和抑郁情绪。

　　因此，当你深陷心理反刍的困境，尝试起身动一动，即使是简单的走动，也能帮助你跳出原有的思维定式。运动中，大脑的注意力会被引导至身体的感受和外界环境上，自然而然减少了对负面情绪和过往失误的过度关注，使得思维更加灵活开放，有助于发现新视角，找到解决问题的新思路，从而有效缓解心理反刍带来的负担。

第二个层次，进入绿地走走。

绿色植被具有从生理层面直接提升心情的奇妙功效。它们释放的芬多精——一种自然的植物杀菌物质，不仅能够对抗有害微生物，还能有效减轻压力，提升心情愉悦度，同时促进心脏和肠道系统的健康。因此，在林荫道上的悠闲漫步，也被生动地喻为一次"自然的身心SPA"。

置身于绿意环绕的环境中，如公园、溪边或是住宅区内的绿地，丰富的自然景观——绚烂的花朵、悠扬的鸟鸣和清新的花香——不断提供新鲜的感官体验，视觉、听觉、嗅觉的多重刺激共同作用，拓宽了你的思维视野，使你更容易跳出固有的思维局限。

在这些生机勃勃的绿色空间里漫步，你会发现心理反刍的阴霾会迅速消散，情绪随之明媚起来。自然界的这份馈赠，以其独特的方式悄然抚平心灵的褶皱，引领我们走向更加宁静与和谐的内心世界。

第三个层次，进行较高强度的运动。

根据具身认知理论，心理与身体承受的压力实则相互交织，不可分割。因此，规律的体育活动，尤其是进行较高强度的运动，诸如快步走、慢跑、跳绳、高强度间歇训练（HIIT）以及其他达到相当强度与持续时长的球类运动，实质上是在有意识地设置一种良性压力场景。

经常运动的人或许都有这样的体验：起初，每一步都似乎重如千斤，进程艰难。但随着时间推移，身体逐渐适应，感受到的阻力似乎有所减轻。然而，这种轻松感维持不久，身体又会迎来新的极限挑战，呼吸急促，仿佛达到忍耐的边界。不过，若能咬牙坚持，很快会迎来又一个适应期。这一过程循环往复，伴随每一次的挑战与克服，那种苦乐参半的感觉愈发强烈。

为了激励我们持续运动，大脑会适时释放大量的内啡肽，这些化学物质不仅帮助缓解长时间运动引起的疼痛，还会催生愉悦感，使我们在汗水与坚持中收获快乐与成就感。

第三招：念"咒语"。

前两招可以有效帮助你在短期内从心理反刍的循环中抽身，那么，为了实现长期的改善，我们又应当如何做呢？

答案是：**念"咒语"。通过"咒语"来改变你的思维。**

我们之前讲过一句"咒语"：**刺激与回应之间有一段距离，幸福和成长的关键就在那里。**这句"咒语"帮助我们克服"杏仁核所带来的情绪冲动"。

这一次，我们再请出第二句咒语：

改变可以改变的，接受无法改变的，如果你一时无法接受，又无法改变，那就暂时放一放。

这句"咒语"，能帮助你在"无力改变的现实"与"内

心期待改变"之间建立和解,学会适时"放一放",给自己
喘息的机会,减轻精神受力。

正如作家刘同曾在一次访谈中所言:"在一片广阔的海
域中,当人与海龟一同游泳时,虽然人类凭借体力可以在短
时间内游得更快,但若将时间轴拉长,最终却发现海龟能够
游得更远。这是为何呢?因为在面对汹涌的风浪时,人类往
往会本能地选择对抗,奋力挣扎;而海龟则不同,它们选择
随波逐流,静静地漂浮于水面上,耐心等待风平浪静之后再
继续前行。"

**当浪来的时候,你其实不应该跟它对抗,你就待着,等
浪退时,再跟着浪往前走。**

人生八苦,各有其深意。有些苦,我们必须学会以平和
之心去接纳,那是生命的必经之路;有些苦,则可通过内心
的修为,调整因缘,从而转化其果,对此,我们要勇于实行
真正的变革。**至于那些目前看来难以跨越,同时也难以即刻
接纳的苦楚,不妨暂且搁置,因为暂时的放手,实则是对自
己的温柔与宽恕。**

**放下并不是放弃,而是一种智慧的暂停,是在承认当前
局限的同时,保留内心的力量,等待时机成熟,以更佳的状
态再次启程。**所以,放一放,是给自己一个喘息的空间,是
心灵的自我救赎,也是在漫长人生旅途中的必要修养。

最后的话

在面对人生的种种失误与不完美时，每一个低谷都是通往更高处的垫脚石。小 A、小 B 和小 C 的故事，以及我们探讨的脱困之策，不仅是对他们的启示，也是对每一个在挣扎中成长的灵魂的鼓舞。心理反刍，虽是心灵的牢笼，却也是成长的契机，它教会我们如何以更坚韧的意志、更智慧的心态去拥抱不完美的自己，从而在逆境中绽放出更加耀眼的生命之光。

念念不忘，不必有回响；每一次的放下，都是为了更好的拿起。让过去的成为过去，不是遗忘，而是以一种更加成熟和理智的方式，将其转化为推动自我前进的燃料。在成长的道路上，愿你能学会在风浪中潜伏，在挑战中歌唱，将你暂时的蛰伏与放下，化作风雨之后的再次扬帆起航。

3.5 对未发生的事情焦虑到失眠，怎么办

你是否常在夜深人静时，为那些尚未到来的事情忧心忡忡？如果用 1 到 10 分来衡量这份不安，你又会为它打上几分呢？

许多人在面对未发生的事情时，心中不免涌起阵阵焦虑。这份持续的忧虑与恐惧，有时甚至会影响他们的睡眠。

想象一下，当期待已久的旅行即将启程，这本应是充满激动与期待的时刻，但有些人却因为担心航班、酒店、签证，甚至是语言沟通的障碍，而夜不能寐。他们反复检查行李，一遍又一遍地确认行程的每一个细节，生怕遗漏了什么。这份焦虑如影随形，让原本愉快的准备工作变得沉重。

再如，在职场中面临晋升的重要时刻，即便你已经做好准备，但在那漫长的夜晚，你仍可能辗转反侧，难以入眠。你的思绪被忧虑所占据，担心第二天可能有不尽如人意的表现，对考官可能提出尖锐问题恐惧挥之不去，同时也会担心竞争对手可能拥有更强的能力。

如果你发现自己也经常陷入这样的思绪漩涡，你其实并

不孤单。在心理学中，这种现象被称为"预期性焦虑"
（Anticipatory Anxiety）。

※ 预期性焦虑

预期性焦虑，是一种普遍存在的心理现象。它指的是个体在面对未来不确定的事件时，即便这些事件尚未发生，也会感到强烈而持久的担忧和紧张。这种情绪反应往往超出了对实际风险的合理评估，导致个人在心理和生理上承受不必要的负担。

一个深受"预期性焦虑"困扰的人，通常会表现出以下三种典型特征：

其一，过度想象与假设。这类人常常沉溺于对将来可能发生的种种情境进行极端化想象。他们经常在脑海中构建出一连串负面且戏剧化的后果。即使当前的情况还未完全清晰，他们也能够设想出一系列"万一……"的情境。这些假设往往只关注最糟糕的结果，而对那些积极或中性的可能性视而不见。

其二，高度警觉与高敏感。在预期性焦虑的影响下，个体可能变得异常敏感，对周围环境中的任何微小变化都过分关注，并将其解读为潜在威胁的信号。这种高度警觉状态不仅消耗大量精力，还可能导致对正常生活刺激的过度反应，进一步加剧焦虑感。

其三，**避免行为与控制欲增强**。为了避免想象中的负面结果，这些人可能会采取避免策略，如避开可能引发焦虑的情境或活动，尽管这些活动本身对个人成长或日常生活有益。同时，他们可能试图通过过度规划和控制每一个细节来减轻焦虑，但这往往适得其反，不仅增加了精神受力，还减少了适应性和灵活性。

这三个典型特征不仅限于短期的心理反应，它们可能会固化成为一种长期的心态，严重影响个人的生活质量和心理健康。

过度的想象与假设，会限制你的创造力和乐观态度，使你难以享受当下，总是活在对未来的担忧中。

高度警觉与敏感，则会消耗你的精力，降低生活质量，甚至影响人际关系，因为你可能过度解读他人行为，产生不必要的误会和冲突。

而**避免行为与控制欲增强**，则可能阻碍个人的成长和发展，限制了探索新事物的可能性。

预期性焦虑往往会形成一个恶性循环：**越是对未来担忧，就越容易出现上述特征；而这些特征的存在又会进一步加剧焦虑感，使情况变得更加糟糕。**

长此以往，这种持续的精神拉扯极易演化为慢性压力，进而侵扰你的生活——夜晚被失眠缠绕，白天则注意力难以集中，身心皆感疲惫，情绪变得如同脱缰野马，难以驾驭。更有甚者，心理的压力会投射到身体上，以头痛、胸闷、肌肉紧张或疼痛等形式显现，让你实实在在地体会到"心病"也能致"身病"。

※ 走出预期性焦虑的两个策略

如果你也有"预期性焦虑"，那该怎么办呢？请不用焦虑，以下两个策略能助你逐步摆脱其困扰。

➡ 策略一：相信概率。

在一次旅途中，我与团中一位同伴闲谈，她向我袒露了她不愿飞行的心结。她的故事可以追溯到 2014 年 3 月，正当她准备登机某航班之时，惊闻该航空公司的另一个航班起飞后失联，这一突发事件给她带来了极大的震撼与恐惧。那次归国的飞行，对她而言，是心理上的巨大考验。自那以后，即便旅途再遥远，她也坚决选择火车作为出行方式，再也不愿踏上飞机之旅。

这位女士的情况在心理学上叫作"鲜活性效应"（Availability Heuristic），是指人们在判断事件的可能性或频率时，往往过于依赖最容易回忆起来的信息，尤其是那些生动、情感强烈或最近发生的事例。在这种情况下，尽管航空旅行的整体安全性远高于其他交通工具，但失联航班的悲剧事件对那位女士造成的震撼，使得飞行安全的风险在她的感知中被极度放大，从而形成对飞行的强烈恐惧。

事实上，不止这位女士对搭乘飞机感到恐惧，哪怕我们没有类似这位女士的强烈情感记忆，每次在飞机遇到气流发生剧烈颠簸的时候，我们或多或少也会产生一定程度的"预期性焦虑"。每当此时，一个有效的方法就是告诉自己，每88万架次才发生1起飞行事故。自己的运气应该不会那么差，会落到那么小的概率里。

将"相信概率"的逻辑应用到日常，每当我们面对可能引起未来焦虑的场景，尝试以统计学的视角重新评估，认识到绝大多数担忧的事件发生的概率极低，便能有效抵御"预期性焦虑"的侵扰，不让过度的忧虑支配我们的思想与行动。

➡ **策略二：放下对确定性的执念。**

一个人最大的内耗，就是执著于确定性。

有明确的目标当然是好事，但目标摆在那里，哪怕你做足准备都可能会出现意料之外的事情。所以，与其为无法预测的不确定性担心得晚上睡不着觉，不如学会转变视角，**告诉自己"尽人事，听天命""对过程苛刻，对结果释怀"。**你反而可以获得一份难得的松弛感，这份松弛感或许令你获得意想不到的效果。

比如，如果你担心诸如下次晋升答辩或者重要演讲前夜又可能会失眠的场景，可以试着调整心态，不再过分纠结于结果的成败，而是专注于准备过程中的每一个细节。比如你至少可以提前做以下三类准备：

第一类，准备逐字演讲稿，确保逻辑清晰、内容充实；

第二类，每天花 30 分钟练习你的表达，让语气自然流畅，充满自信；

第三类，想象可能遇到的问题，并思考如何从容应对，等等。

当你已经做好了这些准备，你的内心就会由于有了这份笃定，从而可以更释然地告诉自己："我已经做到了最好，剩下的就交给运气吧。"

当你站在答辩或演讲现场，你会发现，正是因为那份准备后的释然，让你在面对评委时更加镇定自若，谈吐从容，从而可以提升拿到结果的概率。而且，哪怕结果并非如你所愿，你也不会感到太大的失落，因为你已经尽力了，享受了整个过程，收获了宝贵的经验和成长。

最后的话

在与预期性焦虑的对抗中，真正的勇气不是无所畏惧，而是在恐惧面前依然前行。正如马克·吐温所言："**勇气不是没有恐惧，而是面对恐惧时能够坚定地迈出下一步。**"我们每个人的心中都藏着一片未被焦虑侵蚀的净土，那里存放着对生活的热爱、对未知的好奇，以及在挑战面前不屈不挠的坚韧。

通过实践上述策略，我们学会拥抱不确定性，不再让未来的阴云遮蔽当下的阳光。让生活回归其应有的色彩，每一次呼吸都充满了可能性，而非被恐惧稀释。**每一个今天都是昨天的未来，而你，已经在不知不觉中，拥有了应对未知的勇气和智慧。**

所以，当夜再次降临，不必再为那些未至之事辗转反侧。 让心灵得以安放，告诉自己，**无论明日风雨几何，今日我已种下坚强与希望。** 如此，我们不仅能够走出预期性焦虑的阴霾，更能在生命的旅途中收获意想不到的风景和成长的喜悦。最终，你会发现，那些曾经看似不可逾越的山丘，不过是为了让我们眺望更远的地平线。

3.6 总爱揣测别人的想法，生怕做错事得罪人，怎么办

你看过《红楼梦》吗？我猜你可能觉得林黛玉是一个心思细腻、特别敏感的人吧！在第八十三回，生病中的黛玉听到外面有一个人嚷道："你这不成人的小蹄子！你是个什么东西，来这园子里头混搅！"人家明明在教育自己的外孙女，可在黛玉听来，可不就是在"指桑骂槐"，于是马上认为"这里住不得了。"

为什么要提林黛玉呢？因为她那份细腻而敏感的心性，恰似我们现代许多高敏感的人，在人际交往中总爱揣测别人想法、生怕做错事得罪人的心境。

总爱揣测是一种内耗。比如，很多人会因为一条未被及时回复的信息，就觉得对方是不是对自己有所不满；发现茶水间有两个人窃窃私语，时不时朝自己这里看过来，就马上反思自己是不是之前有什么语言或者行为不太妥当。这些在别人看来微不足道的细节，足以让总爱揣测别人想法的人内心翻涌起千层浪。

※ 你为什么总爱揣测别人的想法

总爱揣测别人的想法和三个关键要素强相关。

➡ 要素一：个人成长环境。

个人成长环境是形成一个人心理模式的基石。在一个充满批评、冷漠或过度控制的家庭环境中长大的孩子，很容易发展出内心的不安全感。在这样的环境中，孩子为了获得父母或监护人的肯定与关注，不得不学会察言观色，揣摩大人的情绪和需求。长期处于这种紧张的互动模式下，他们逐渐形成一种习惯：即通过持续不断地推测他人的情绪和意图来调整自身的行为，以求得认可和避免惩罚。

举个例子，我曾有一位同事，她的家庭背景与众不同，父亲常年酗酒。每当夜幕降临，父亲酗酒归来，家中便笼罩在一层不可预知的恐惧之中，年幼的她和母亲常常成为无端怒气的受害者。在这样紧绷且充满不确定性的成长环境下，她被迫磨砺出一套高度精细的情感感知能力。她曾分享说，仅仅凭借父亲归家时脚步声响的细微差别，她就能预估出当晚是否会有风暴来临，甚至能大体判断出将会遭遇何种程度的波及。"那脚步声，对我来说，就像一个无声的警告系统。"她如此坦白。这样的经历，无疑让她在幼年时期就锻炼出超乎常人的敏感度，却也让她在成年后的人际交往中，不自觉地延续了这种过度解读周遭环境和他人行为的模式。

➡ 要素二：内心深处的不安全感。

内心深处的不安全感是驱动过度揣测他人想法的核心动力。当个体在成长过程中频繁体验到被拒绝、忽视或误解，这些负面经历会在其心灵深处埋下不信任和恐惧的种子。这些情绪根深蒂固，使得个体即使在成年后进入相对稳定的社交环境，依然难以摆脱那种"随时可能被伤害"的感觉。因此，他们倾向于过度解读他人的每一个动作和表情，试图从中预判潜在的威胁，这种无休止的内心戏码成为他们自我保护的一种方式，却也成了精神上的重负。

这种源自内心的不安全感，让这类人在社交互动中总是处于一种高度戒备的状态，难以放松下来享受正常的社交乐趣。

➡ 要素三：过度自我反省的习惯。

过度自我反省是上述两要素共同作用的结果。在个人成长环境和内心深处的不安全感的双重影响下，个体养成了时刻审视自我行为、言语乃至思想的习惯，试图从中找出可能导致他人不满的蛛丝马迹。这种习惯性的自我监控不仅体现在对外部事件的反应上，更深入到个人的内在对话中，形成一个不断质疑自我价值和行为合理性的循环。长此以往，一个人可能会失去自我肯定的能力，将他人的感受和评价作为衡量自身价值的唯一标准，从而陷入自我怀疑和自我否定的困境。

那要如何才能停止这种"习惯性揣测"的回声呢？

人生实苦，悲喜自渡。过去的成长环境已然木已成舟，无法改变，若要日子过得更舒心，不如设法降低自己的敏感度，变得稍许迟钝一些。

以一颗欢悦之心拥抱生活，以"钝感力"渡过生命中的风浪，如此，方能活得更加逍遥与洒脱。

是的，你可以选择刻意修炼"钝感力"。

※ 三步修炼你的钝感力

什么是"钝感力"？"钝感力"是由日本作家渡边淳一提出的概念，他在同名书籍《钝感力》中阐述了这种能力的重要性。钝感力并非迟钝或木讷，而是一种从容面对生活中的挫折与不如意，不轻易受外界影响，保持心态平和与积极向前的生活智慧。对于那些总爱揣测他人想法的人来说，培养钝感力不失为一种解脱自我、改善心理状态的有效途径。

以下是修炼钝感力的三步法：

➡ **步骤一：认知调整与接纳自我。**

这一步的核心在于认知的重塑与自我接纳。首要的是深刻理解钝感力的本质——**钝感力不是倡导冷漠或无知的态度，而是教导我们如何在纷扰的社会环境中维系内心的平和与坚韧。**要认识到，过度的敏感不仅可能加重个人的精神负担，还会导致人际关系的紧绷与摩擦。

随后，**你需要接纳自己目前的敏感特质，视之为成长历程与环境影响的产物，而非个人的缺陷。**通过这一过程，逐步减轻自我苛责和否定的情绪，为心灵松绑，营造一个更加宽容的自我认知环境。

➡ 步骤二：练习正念与情绪管理。

在第二步中，重点转向了正念的实践与情绪管理。这包括通过每日进行正念冥想，比如静坐冥想，集中注意力于每一次呼吸，以一种非评判性的态度观察自己的思绪流动，以此帮助自己摆脱过度揣测的思维陷阱，重新锚定于当下的现实（详细的正念练习介绍参见4.2小节）。

同时，培养情绪识别的能力，当意识到因揣测他人意图而引发情绪起伏时，采取如深呼吸、去附近散步或把想法写下来等方法，及时且健康地释放这些情绪，避免它们在内心累积成不可承受之重。这一系列行动旨在增强个人对情绪的自主控制力，促进情绪的流动与释放，从而维护心理的平衡与健康。

➡ 步骤三：建立正向社交互动模式。

建立正向社交互动模式涉及下面两个关键行动：

首先，采取主动沟通的行动。在疑惑他人意图时勇敢迈出第一步，直接而礼貌地开启对话以求真相，以此取代无根

据的臆测。这样做不仅让你更开放和真诚，还显著降低了误解发生的概率。举个例子，曾经有一次，我感觉自己可能无意间与另一个部门的负责人产生了误会。于是，我特意选在一个轻松的午餐时刻，主动走到他的工作区域，以诚恳的态度询问自己有什么言行不慎之处，无意间冒犯了他。没想到，这一主动的沟通换来了对方豁达的一笑，即便之前存在些许隔阂，也在这一刻烟消云散了。这让我深刻体会到，有时候，小小的主动一步，就能让心与心之间的距离大大缩短。

其次，建立一个充满正面肯定与良性循环的实践模式。这意味着，主动搜寻并珍惜来自外界的每一份肯定，同时也慷慨地向周围人播撒赞美与鼓舞，创造出一个相互鼓励、正面增强的能量循环。毕竟，谁不渴望被温柔以待、受到赞许呢？要是能在与人交往时营造这样一种积极的氛围，让正向的对话成为常态，你将会发现你的自信心悄然增长，不再过分在意他人的评判，人际交往因此变得轻松愉快，内心世界也达到和谐与自由的新境界。

最后的话

以平常心看世事，用钝感力过生活。

在探索自我、理解他人的旅途中，我们或许都是带着旧日伤痕的行者。但正如林黛玉的悲剧启示我们，敏感虽赋予了深度，却也可能成为心灵的囚笼。而钝感力，恰是我们手中那把钥匙，能开启一扇通向内心平静与外界和谐共处的大门。

在这个既美丽又复杂的世界里，愿你我都能怀揣一颗温柔而坚韧的心，不再被无谓的揣测所累，学会在风雨中舞蹈，于阳光下微笑。钝感力，不是对生活的妥协，而是以更加智慧和从容的姿态，拥抱每一个当下，让心灵在每一次挑战中淬炼成长。

最终，你会发现，**真正的力量，不在于对外界的过度反应，而在于内心深处那份"任凭风浪起，稳坐钓鱼台"的淡定与自信。**

3.7 遇到不公平的事情，不敢讲，怎么办

你遭遇过不公平的事情吗？

请想象这样一个画面：你是一位为公司做出巨大贡献的项目经理，为了追赶项目进度，你自愿加班了无数个夜晚。然而，在年底拼绩效的关键时刻，你发现自己只获得了一个"普通"考绩，而那些和领导走得更近的人却被评选为年度优秀员工。

特别让人感到愤懑的是，当你历尽艰辛争取到一次难得的内部职位转换机遇时，却遭遇事业部总经理无理由的阻拦。你私下探知，其他部门并无此类限制转岗的先例，不禁纳闷为何偏偏自己要面对这不公的待遇。

可是，遇到这些不公平的事情，你又不敢发声，怎么办？

我们先要剖析你之所以"不敢讲"的底层原因。

※ 三大原因

➡ 原因一：自我怀疑。

遭受不公平待遇时，人们往往会质疑自己——是不是我

做得不够好？是不是我误解了情况？这种自我质疑削弱了发声的勇气，让人在不确信中选择了沉默。

　　一个人自我价值感越是不足，在面对不公正评价或待遇时，其第一反应就越是自我反省，不断回溯自己的行为和表现，试图从中找出被区别对待的"合理"解释。并不是说这种"向内求""从自身找原因"的方式不好。但如果你陷入过度自责，认为可能是自己的能力不足、努力不够或是处理人际关系的方式不当，就会产生"是我自己不够好"的错觉。**这种心理状态会削弱你对不公平现象的反抗意识，因为在内心深处，你已经默认自己是问题的一部分。**

　　➡ 原因二：恐惧。

　　恐惧是人们遭遇不公平时选择沉默的主要心理障碍，往往出于对安全感、归属感和社会认同的核心需求，我们选择了沉默。 比如，在家庭场景中，当我们还是孩子时，由于依赖父母而对他们的看法异常敏感，面对父母的偏爱或任何不平等对待，孩子内心的恐惧在于表达不满可能会被误解为不孝，担心这会引起家庭纷争，最终导致父母情感上的疏远。所以，为了维护表面上的家庭和谐，孩子们常常隐藏自己的真实情感，尽管这样做可能会牺牲他们的心理健康和应有权利。

　　而在职场上，不公平是一种到处可见的现象，尤其是在需要挑战权威或对决策提出质疑的场景，需要巨大的勇气，因为这很容易被上级贴上如"难以管理"或"团队不稳定因素"的负面标签，这些都可能对你产生直接影响，很多人想想"就算了吧"，于是沉默，便成了一种生存策略。

➡ **原因三：缺少合适的表达策略。**

在我们过往接受的教育中，对于情绪管理、有效沟通和冲突解决等软技能的教育相对较少。很多人往往没有机会在模拟环境中学习如何在压力之下清晰地表达不满，更不用说在现实情境中如何运用这些技巧了。因此，当遇到不公平待遇时，很多人往往感到手足无措，不知如何启齿。

尤其当你情绪激动时，大脑的理性部分（前额叶）功能会减弱，这使得你更加难以组织语言，或者担心自己可能说出冲动或不恰当的话语。加上缺乏有效的情绪调节训练，你在面对不公时，或许会被愤怒、失望或悲伤等强烈情绪所淹没，无法冷静思考和表达。此时，由于害怕自己的情绪爆发会损害人际关系或职业形象，你也很可能会尽力克制自己，保持沉默。

好了，既然原因分析清楚了，那到底该怎么办呢？

※ 科学应对不公平的三种策略

第一个策略：自我反思和成就清单。

该策略不是为了反思你自己有什么问题，而是解决为什么你总是自我怀疑的问题。在面对生活或职场中的不公平待遇，采取主动且建设性的应对策略始于自我确认与价值重塑。这一过程不仅是简单的自我反思，更是一种深层次的自我认知和成长之旅。

首先，开展自我反思时，核心目的在于通过回顾和记录你在工作、学习以及日常生活中取得的具体成就与贡献，构建一份属于自己的成就清单。**这份清单是自我价值的实物证明，提醒我们每个人都有其独特价值，我们的感受和需求同样是合理的、值得被尊重的。**在这一过程中，重要的是避免过度自责，学会从自我怀疑的泥淖中抽身，转而聚焦于自己的积极面。

随后，你可以通过广泛阅读和参与针对性培训来深化自我认知，认识到你的价值不仅来源于外界评价，更多源自内心的成长、自我实现的丰足，以及对生活各方面的积极参与和贡献。很多好书，如德韦克的《终身成长》、米哈里的《心流》等，都能引导你去探索内在潜能，理解价值的多元化，从而在心灵深处树立起不受外界干扰的自我价值标杆。

在此基础上，**明确个人价值观与设定小目标也是核心步骤。**明确哪些原则和信念对你至关重要，以此为指引去设定实际可行的目标，让你在追求目标的过程中不断确认自我价值，减少对外界认可的依赖。**每当达成目标后，无论大小，都应适当庆祝，这些正面反馈会逐步积累成为内心的强大基石。**

第二个策略：寻求支持与建立联盟。

在面对不公平待遇时，克服恐惧，勇敢站出来的关键一步是积极寻求支持与建立强有力的联盟。这不仅能够为你注入勇气，还能汇聚集体的力量，共同推动正义的天秤回归平衡。

首先，你可以先识别并接近那些可以信赖的人，他们可能是你的朋友、导师或是拥有相似经历的同事。与他们分享你的遭遇，真诚地表达你的感受和面临的困境。这些外部的声音能为你提供不同的视角，帮助你更客观地审视问题，同时，他们的理解与支持如同温暖的阳光，穿透心灵的阴霾，给予你前进的动力。

其次，在职场里，拥有一个温暖而坚实的支持网格外重要。想象一下，如果你能加入或者亲自组建一个互助群，这里聚集了那些和你一样有着共同经历或类似诉求的同事。在这个社群里，把大家的力量汇聚起来，让每个人的声音都变得更加响亮。你们可以一起讨论，集思广益，共同琢磨怎么更好地向领导层反馈你们的想法，或者携手探寻让工作生活变得更美好的小妙招。这样的齐心协力，不单让你们的请求更有分量，更重要的是，每个人都能在社群里抱团取暖，也让任何可能遇到的小风浪变得不那么难以抵挡了。

最后，利用外部资源也是明智之举。寻求专业机构如法律顾问的帮助，确保你的权益得到有效维护。尤其是在公司业绩不佳，对员工进行大面积"优化"的时候，多找几家律师事务所了解和计算正规的赔偿方案，也是保护自己的好办法。

你看，寻求支持与建立联盟这个过程的本质，其实是将个体的脆弱转化为集体的力量，将孤独的抗争变为携手同行的旅程。在这个过程中，每个人都将变得更加坚强；公平，也将因你们的共同努力而得以彰显。

第三个策略：提升表达技巧。

提升表达技巧，作为应对不公平现象的第三个核心策略，可以帮助你直接解决在不公平情境中"缺少合适表达策略"的难题。通过精进表达能力，你不仅能确保信息精准传达，减少误会和冲突，同时还可以增进他人对你的理解与认同，为个人权益的维护和公正环境的塑造奠定基础。

具体可以按以下三个步骤实践：

第一步，情绪管理。

面对不公，首先自我冷静至关重要。通过深呼吸、短暂散步或在手机上记录心情日志等方法，可以有效控制情绪，从激动状态恢复平和，以便以更理性和建设性的态度进行沟通。同时，有意识地觉察和调节情绪，确保交流时保持平和而坚定。

第二步，结构化表达。

在表达前，先明确表达的目标。无论是寻求公正评价，还是解决具体问题，这些都可以是你的诉求。接着要注意基于事实陈述，用具体工作成果、数据和时间投入等作为支撑，避免模糊不清的指责。然后可以按照逻辑顺序组织语言，先**陈述事实**，再表达个人感受，最后清晰**提出请求或建议**，并通过预演提高自信和表达的流畅度。

第三步，激发对方的善意。

在与人交流互动时，我们的核心目的应当是推进个人目标的实现，而非单纯的情绪释放。因此，**采用能够触动对方心灵、唤醒其善意的语言策略，将极大提升对方协助你达成目标的可能性**。

例如，在我面临岗位调动受阻的情境中，事业部总经理成了阻碍。倘若我选择直接质问，强调其他部门转岗的顺畅与自己遭遇的不公，很可能会无功而返。面对这一困局，我的解决之道是这样的：经过深思熟虑，我意识到自己在文案创作上的专长，于是在一个午后，我精心构思了一条信息发送给事业部总经理：

尊敬的××总，这是来自未来十年后的我的一封书信，传递给当下的您。信中记载着您慷慨同意我那次关键岗位变动的决定，这一转折点引领我走到今天的位置——一位著有20部作品的作家，其中一部有幸邀请到您亲自撰写了序言，对此我深怀感激。正是您当年的成全，使我有机会在新部门深入学习了系统化的思维与内容制作方法论，成就了今日的我……

这条饱含深情与远见的信息发送不久，原本僵持了三个月的转岗申请，竟然迅速得到了系统审批通过，问题迎刃而解。

最后的话

在不公平的风雨中砥砺前行，每一次的挺身而出，都是对自己勇气与价值的加冕。**不要畏惧阴影，因为它暗示着不远处有光。**如果你也遭遇过不公平的事情，愿上述策略能如明灯，照亮你前行的道路，让你在捍卫公正的同时，也成为自己生命故事中那位无畏的主角。

世界不会自动变得公平，公平是每一个个体在面对不公时，以尊严、智慧和策略争取而来。你的声音，即便微小，也拥有撼动不公的力量。正如马丁·路德·金所说："黑暗不能驱散黑暗，只有光明可以做到；仇恨不能驱散仇恨，只有爱可以做到。"以爱和理性之光，照亮那些被忽视的角落，让每一份应当被听见的声音，都找到其应有的回响。

在追求公正的征途上，愿你既有披荆斩棘的勇气，又有包容万物的胸怀，让每一个脚印，都成为通往更加公正世界的桥梁。不公平或许无处不在，但正因如此，你的坚持与努力，才显得更加弥足珍贵。挺直腰板，勇敢发声，因为历史由行动者书写，而公正的天平，终将在每个人的不懈努力下，缓缓归位。

职场中被边缘化，怎么办

请想象一下：

你原本是市场部的一员，以往每次策划会议，你总是坐在前排，积极参与讨论，提出创意点子。但最近几个月，随着新领导上任及几位能言善辩的新同事加入，你发现自己逐渐被挤到会议室的边缘位置。会议中，你的发言常常被忽略，甚至几次提出的建议都未得到回应，仿佛你的声音被无形的屏障隔离。同事们热烈讨论时，你只能默默记笔记，感觉自己成了会议上的"隐形人"。

请再想象一下：

你在一家忙碌的营销公司工作，作为资深文案策划，凭借十年经验和卓越的文字能力，成功吸引众多关键客户。但随着行业数字化转型，大数据和人工智能技术占据了业务核心。最近的会议经常围绕技术前沿如算法优化、人工智能创意制作及效果监控展开热烈讨论。你努力跟进，却发现自己的传统策略在这个数据为王的时代显得格格不入。

工作方式变化，创意初稿依靠人工智能快速生成，你精细的手工创作显得不再高效。你参与的项目减少，逐渐退居

153

二线，这种落差让你倍感失落和被边缘化。平日交流中，你
与热聊最新营销科技的同事渐行渐远。午休时，他们聚在一
起激动讨论新技术，你常常默默旁观，偶尔发言也难获响应，
最终选择回避这些对话，成了团队边沿的一员。

我猜你的内心已经有一些不适了，但是对不起，还有一
个场景，也请试着体验一下：

在一家知名企业中，你是一位拥有长达 15 年深厚行业积
淀的老员工，享受着优渥的薪酬福利，习惯了规律的朝九晚
六的工作节奏。然而，受大环境的影响，你所在的行业遭受
冲击，公司的业务基础也日渐动摇。

尽管公司未曾正式提及人员调整，但一些微妙迹象开始
显现：大量职场新人入职，并承担重要工作；你渐渐被排除
在重大决策会议之外，负责关键项目的机会也与你渐行渐远。
更令你感触深刻的是，一个年轻人成了你的直接上级。这一
切无声的变动，让你不由得感受到公司或许正以一种微妙而
含蓄的方式，提示着你在这里的角色正在逐渐淡化。

好了，现在让我们回来吧。你是不是想说：职场中被边
缘化，真的不好受，那该怎么办？**凡夫畏果，菩萨畏因**。我
们首先要理解，被边缘化让我们感到难受、精神受力的本质
究竟是什么？

※ 边缘化让你感到难受的本质

从心理学的角度来看，**被边缘化的本质是一种情感上的**

疏离，这种疏离会在潜意识中逐渐削弱你的自我认同感和归属感，使你感到与周围环境的联系变得脆弱甚至断裂。

美国社会学家吉卜林·威廉姆斯（Kipling Williams）在一次公园散步时，偶遇两位正在玩飞盘的人。当飞盘不经意间落在他脚旁，威廉姆斯出于本能拾起并加入到他们的游戏中，临时形成一个三人互动的局面。然而，不久后，那两名玩家重新回归到他们两人的投掷模式中，未再将威廉姆斯包含在游戏循环中，威廉姆斯只得默默走开，心中却莫名地感到不适。

威廉姆斯深感自己情绪的微妙变化，尽管理性告诉他作为局外人，不应对此有所介怀，尤其考虑到他本人对投掷飞盘并无特别兴趣。但那种被排除在外的感觉仍旧引发了深刻的挫败感，仿佛他遭受了某种形式的伤害。出于职业的敏锐度，威廉姆斯决定探索这一现象。

随后，他在实验环境中重现了类似情境：安排三个人参与传球游戏，起初全员参与，随后两名假扮的参与者开始仅在彼此间传递，刻意排除第三位不知情的真正受试者。研究揭示，即使这种排斥行为只维持了几分钟，也足以在受试者心中诱发显著的排斥感。伴随着悲伤及愤怒情绪的上升，受试者感受到的归属感和自尊水平显著下滑。这一发现凸显了人类对于社交包容性的深刻需求及其对心理状态的影响。**这就是"被边缘化的感觉"。**

它可能导致你**产生自我怀疑，质疑自己的能力、价值和**

存在意义。你会开始思考自己是否真的足够优秀，是否做得不够好，甚至怀疑自己是否适合这个工作环境。

焦虑也可能随之而来。你会担心自己的职业发展受到限制，担心被忽视会影响到未来的晋升机会，或者担心自己在团队中的地位逐渐下降。

失落的情绪也难以避免。当你发现自己被边缘化时，你可能会感到失望和沮丧，因为你原本期望能够在团队中发挥更大的作用，得到更多的认可和支持。

这种情感上的疏离还可能引发其他负面情绪，如孤独、无助、愤怒等。这些情绪可能会相互影响，进一步加重你的心理负担。

然而，重要的是要认识到这些负面情绪是正常的反应。它们是身体和大脑对边缘化这种压力情况的自然回应。通过正确的应对方式，你可以逐渐克服这些情绪，重新找回自己在职场中的位置和价值。

※ 如何解决

在处理职场边缘化的问题时，必须分类讨论，一类可以向外求解，另一类则只能向内求解。

我们先说向外求解。向外求解可以分为两类情况，一类与"人"有关，一类则与"事"相关。

先说与"人"相关的边缘化。

俗话说，一朝天子一朝臣。在职场的风云变幻中，通常新领导的加入如同一阵清风，既可能带来新鲜的空气，又可能掀起一阵未知的波澜。当你察觉到新领导的上任及其带来的管理风格转变正悄然改变着团队的风貌与文化，而自己似乎在这场变革中被推向边缘时，不必慌张，这正是展现你适应力与韧性的时刻。你至少有两件事情可以去做。

第一件事，你可以选择主动出击，寻求与新领导建立直接的沟通渠道。

不妨精心准备一次一对一的会谈，利用这个机会去了解新领导的管理理念和未来规划，更重要的是，这是一个展现自我、建立连接的绝佳时机。在对话中，温和而自信地表达你的专业能力，讲述过往的成功案例，以及你对未来团队目标的认同与期待。同时，表明你愿意为团队的共同愿景贡献自己的一分力量，展现出你的积极态度和开放心态。

第二件事，在大量新人入职之际，你可以积极地去和这些新面孔连接。

连接的目的，不仅仅是为了出现在大家的视线中，更是通过实际行动证明你的团队精神和协作能力。比如，你可以主动承担责任，为团队服务，也可以组织小型讨论会，策划团建，或是在必要时伸出援手。这些活动不仅能够加深与同事们的相互了解，还能在轻松愉快的氛围中展现你的领导力和创意，从而逐步找回你在团队中的位置。

再说与"事"相关的边缘化。

面对行业变迁、技术创新或工作程序调整所导致的
"事"端的边缘化，第一，要**持续学习与提升技能**，密切跟
踪行业趋势，积极学习新兴技术，努力掌握先进工具。例如，
营销专家应深入探索数据分析、掌握人工智能创意工具的运
用，以及精通数字营销策略，通过报名在线课程、参与研讨
会取得相关认证来强化自身实力，同时，这也是向团队传递
正面信号，展示你拥抱变化、力求上进的决心。

第二，**转型与重新定位**自己的角色至关重要。深入分析
个人优势与公司未来导向的交集，探索自身软实力与新兴技
术融合的新路径，以此彰显你的创新思维和不可替代的价值。

第三，**构建跨部门合作网络**，打破传统界限，与数据分
析师、产品经理等多领域同事携手，结合你的经验共同优化
产品或用户体验，此举不仅能提升你的内部影响力，还让你
的工作范畴更加丰富多元，降低被新技术取代的风险。

第四，**主动担当问题解决者**，面对企业因技术革新或市
场波动遭遇的难题，依托既有经验和新学知识，设计出既能
有效应对挑战又能突出个人贡献的策略方案，并适时向上级
与团队成员展示你的见解。

第五，别忘了**塑造个人品牌**，你可以通过撰写行业文章、
公开分享观点、参与演讲和网络研讨会等方式，提升个人在
业界的可见度与声誉。这样做不仅能巩固你的行业地位，还
能让公司内外意识到你的专业价值，助力你在职场中稳固中
心位置，有效抵御边缘化的侵袭。

我们最后来说说只能向内求解的情况。

当职场边缘化的问题更多的是因为行业下行或者你的性价比过低、可替代性太高时，那么唯一的办法就是向内求解。这里有两个策略可以供你参考践行。

➡ **策略一：提升你的自我复杂性。**

自我复杂性，这个概念最初由心理学家林维尔（Linville）提出，简单来说，就是<u>你身上拥有的多种身份和角色的集合，以及这些身份之间能够清晰区分的程度</u>。就好比你不仅是个上班族，同时还是个内容创作者，又或者是理财小能手，你的收入不仅仅来源于薪水，还来自其他副业的贡献。这样一来，你就像一个拥有多重身份标签的人，每一张标签都代表了你生活的一个独特面向。

提升自我复杂性的一大好处在于，它能帮你更好地应对生活中的挫折和压力。想象一下，如果你其中一个角色遇到了挑战或失败，比如工作上不太顺利，但因为你还有其他副业收入，或是有投资收益作为后盾，那么这次挫折就只是你生活中的一个小插曲，而不是全部。这种多样性就像为你的人生设置了一张安全网，即使某一领域遭遇低谷，其他领域依然可以发光发热，为你提供支持和安慰。

拿我个人的经历来说，当我意识到职场之路并非一帆风顺时，我便有意识地增加了自己的身份标签：成为一名多产的作家和精明的指数基金投资者。这样一来，职场上若遇到瓶颈，我也可依靠写作收入和投资收益安枕无忧。正是这种多元化的生活布局，让我得以在面对困难和挑战时保持心态的平和与从容，不会因为单一领域的不如意而陷入过度焦虑和压力之中。简而言之，自我复杂性就像一道心理防线，帮我分散了风险，确保了生活的稳定性与幸福感。

➡ **策略二：降低期待。**

你听过幸福的简约公式吗？**幸福 = 你得到的/你期待的。**这个公式深刻揭示了幸福感的本质——它不单纯取决于你实际取得的成就大小，而是这些成就与你内心期望之间的一种平衡。当我们的期望如同天际般遥远，即便手握诸多成果，内心的满足感也可能微乎其微，幸福感自然难以触及。

因此，学会调整和管理个人的期望值，是职场与生活中不可或缺的智慧。这不是一种消极的妥协，而是一种积极的生活艺术，它教会我们如何在现实与梦想之间搭建一座桥梁，让心灵得以安放。

具体实施起来也并不复杂。首先，你可以开展一次诚实而深入的**自我评估**，明确自己当前所处的位置、拥有的资源和能力。同时，了解行业趋势和外部环境的变化，确保你的期望与现实世界保持同步。同时，在日常生活中，**培养感恩习惯**，专注于你已拥有的，无论是健康、家庭、友谊还是职业上的小成就。感恩能帮助我们珍惜当下，减少对未得到事物的过分渴望。另外，你还可以告诉自己，完美是不存在的，

接受自己的局限性，对自己的不完美持宽容态度。当未能达到某些目标时，不要自我苛责，而是从中学习并继续前行。

最后的话

在职场的风雨洗礼中，每个人都会遇到挑战与低谷。被边缘化，虽然是一段艰难的旅程，但它也蕴藏着成长与转机的种子。每一次的挑战都是重新定义自我、突破界限的觉醒契机。当你学会了如何在逆境中寻找光亮，提升自我，调整心态，你将发现，那些曾经看似不可逾越的障碍，最终成为成就你不凡职业生涯的宝贵阶梯。

正如凤凰涅槃，历经火的试炼方能重生，你在职场的边缘徘徊，正是重塑自我、焕发新生的序章。保持信念，勇于行动，不断提升自我复杂性，智慧地调整期望，你将重新夺回职场的话语权，成为那个不可或缺、光芒四射的核心人物。

真正的力量不在于外界的认可，而源于内心的坚定与自我超越的勇气。当你能够以更加开阔的视野审视自己的位置，用更加坚韧的步伐跨越障碍，边缘化就不再是限制，而是通往更广阔舞台的必经之路。在这个过程中，你收获的不仅仅是职业上的成就，更是对自己深层次的认识与肯定。

所以，挺起胸膛，勇敢地拥抱每一个挑战，因为每一次的边缘化经历，都是铸就你独一无二职业生涯的宝贵篇章。**未来的你，一定会感谢今天没有放弃、持续成长的自己。**

3.9 被领导 PUA，怎么办

"为什么别人下班后信息都能及时回复，就你不及时?"

"你这个疏忽真是太不应该了，大家都没犯过这种错误，你这让我有点意外。虽然事小，但细节决定成败，你得多上点心，不然以后怎么放心把更重要的工作交给你呢?"

"现在有一份工作就很不错了，大家都很感恩，你怎么就不知道感恩呢?"

以上这些对话，你熟悉吗?听到这些话，你的精神会受力吗?没错，它们熟悉而又尖锐，正是职场中常见的心理操控现象，也被称为职场 PUA。

※ 职场 PUA

我们先说说什么是 PUA。PUA，全称为 Pick-up Artist（搭讪艺术家），原本是指一些人在恋爱关系中使用的一系列技巧和策略，旨在通过心理操控增加对方的好感或依赖，以达到特定目的。

心理学中也有类似于 PUA 的效应，叫煤气灯效应

（Gaslighting），它源自 1944 年的《煤气灯下》（*Gaslight*）电影。在电影中，丈夫通过种种手段让妻子相信自己精神失常，比如逐渐调暗煤气灯亮度但否认灯光有变化，从而让妻子怀疑自己的感知和记忆。在心理学上，煤气灯效应描述的是一种慢性心理操纵行为，操纵者故意使受害者质疑自己的记忆、感知、理智乃至自身的心理健康，导致受害者失去自信，依赖操纵者，最终可能接受操纵者的解释和世界观。

职场 PUA 是煤气灯效应在职场中的体现，**它是指在职场中，某些上级、管理者或同事利用言语、行为或权力结构，对其他人实施一系列心理操控策略，目的是控制、贬低、边缘化受害者，或促使受害者按照操控者的意愿行事。**

职场 PUA 在人类历史上是一种常态，比如管家对长工、师傅对学徒，等等，基本上就没有好话，稍许犯错非打即骂。到了现代社会，职场 PUA 虽然比以前文明了一些，但也很让人不舒服。具体来说，我们经常能遇见的职场 PUA，通常可以体现在不限于以下三个方面。

第一，总想让你下班后也"工作"。

职场 PUA 体现在模糊工作与私生活的界限。操控者可能经常在非工作时间发送工作消息，要求你即时回复或处理事务，强调"真正的敬业就是 24 小时待命"。通过这种无休止的工作要求，他们试图消耗你的个人时间和精力，让你逐渐失去生活与工作的平衡。

第二，不断贬低和打压你。

这是职场 PUA 中最直接且常见的一种策略。操控者会频繁地指出你的错误，哪怕是很小的瑕疵，也会被放大处理，同时很少或几乎不给予正面反馈。这种持续的负面评价会让你逐渐质疑自己的能力，感到无论多么努力都达不到对方的期望，从而陷入自我怀疑的漩涡。例如，即使你完成了任务，对方也可能说："这次虽然还可以，但相比某某的表现，你还是差远了。"

第三，不断强调外部环境不好。

操控者可能会利用外部环境的不确定性，如经济下行、行业不景气等，来合理化对员工的不合理要求。他们会反复强调："现在市场这么难，能找到工作就已经很不错了，你应该感到幸运。"这种言论会让你感觉外部选择有限，被迫接受当前不公的待遇或工作条件。

通过这些职场 PUA 手段，操纵者会逐步侵蚀你的自信心和独立性，使你在不知不觉中落入被操控的境地。**这种持续的心理攻势可能逐步侵蚀个人的自尊和自信，让你开始怀疑自己的能力，甚至觉得离开这个环境就无法生存。**

※ 如何对抗职场 PUA

有人提出一些解气的反 PUA 话术，比如：

"您这点儿工资，我高攀不起，不如您找别人秒回信息吧！"

"认真仔细，也不是不可以，但我也要看看投入产出比。"

"你说的'大家'，除了你，还有谁？"

但很遗憾，这些话术看似解气，实际上在很多职场环境中却并不适用，甚至可能加剧矛盾，不利于问题的根本解决。面对职场 PUA，采取更为理性和建设性的策略更为重要。

这些策略可以分为两个部分，一部分是**对内的修炼**，另一部分则是**对外的应对**。

我们先说"对内的修炼"。

面对职场 PUA，你需要拥有"三感"，即自我认同感、自我效能感和自我价值感。

自我认同感，是个体对自我的整体评价，是自我意识的核心，影响个体的价值观、选择和生活方式。

自我效能感，则关乎你对自己特定能力的信任，即便面临挑战或一时挫败，你依然坚信自己能够克服，成就事情，不断进步。

自我价值感，是在达成目标后油然而生的情绪体验，它带给你的是成就的快慰与价值的满足。

这"三感"与你的自尊水平有关。自尊水平按照不同的境界，可以分为三个层次，根据哈佛大学积极心理学教授沙哈尔（Tal Ben-Shahar）博士的观点，它们分别是依赖型自尊、独立型自尊和无条件自尊。

第一层是依赖型自尊，处于较低层次，指的是个人的自尊很大程度上依赖于外界的认可和评价。在这种状态下，个人的价值感容易受到他人意见的左右，对批评极为敏感，可能会为了迎合他人而牺牲自我，易于陷入职场 PUA 的陷阱中，过分在意上司或同事的评价，忽视自身的真实感受和需要。

比如，在工作中一旦出现失误，依赖型自尊者的第一反应是"领导会怎么批评我？同事会怎么笑话我？"他们会更倾向于在职场中隐瞒失误，而不是设法为失误寻找补救方案。一个人，只有摆脱依赖型自尊，才能真正拥有自我认同感。

第二层是独立型自尊，它是较高一层的自尊形态，独立型自尊意味着个体开始内化评价标准，更多依赖于自我设定的目标和价值观。在职场中，具备独立型自尊的个体能够基于个人成长和成就来衡量自我价值，不易受外界无端指责的影响，能够理性分析工作中的反馈，从中提取有益的部分进行自我提升，同时保持自我价值的稳定。

提升至独立型自尊的境界并非遥不可及，关键在于持续积累微小成就，让每一次小小的胜利成为你自信的证明。这些点滴成功如同星辰，汇聚成照亮自我价值的星河，它们不仅证实了你过往的能力，也铺就了通往未来成功的道路。每一次成功的体验，都是自我效能感的燃料，推动你更加确信自己能够克服挑战，达成更高的目标。

第三层是无条件自尊，这是最为高级的自尊境界，它超越了对外界评价的依赖和自我设定目标的达成，达到一种内在的平和与接纳状态。拥有无条件自尊的人，无论外界环境如何变化，都能保持内心的稳定和自我价值感的确信。达到了"不以物喜，不以己悲"的境界。

在职场中，这样的人不会因为职位高低、工作业绩好坏而动摇对自我价值的认知，他们工作出于热爱和自我实现，而非外界压力或认可的追求，因而能在职场 PUA 面前保持极高的韧性。

实现无条件自尊是挺困难的，但想要达到独立型自尊则是完全可以做到的。当你能通过拿到的一个个结果、收获的一个个成就来不断获得自我效能感，你也可以尽快完成从"依赖型自尊"到"独立型自尊"的跨越。

接下来，我们来说说"对外的应对"，总共有下面三招。

第一招，出自辩手黄执中，这招叫作**"有门槛的答应"**。

我们曾经说：**刺激与反应之间有一段距离，成长与幸福的关键就在那里。同样的，拒绝与答应之间也有一段距离，职场反 PUA 的应对也在那里**。

当面对上级不合理的要求，如让你下班后也要及时回复信息时，你就可以采用"有门槛的答应"的策略。**这种方法不是直接拒绝，而是设定一定的条件或门槛，既表现出合作的意愿，又保护了自己的权益**。

比如，你可以说："我理解项目紧急，下班后保持通信畅通确实对团队协作有帮助。为了不影响任务进度，我可以在晚上 8~9 点查看并回复紧急信息。不过，为了保证第二天的工作效率，我希望非紧急情况我们可以在工作时间内讨论，这样我可以更好地集中精力处理所有任务。您看这样安排是否可行？"

这样的回答既体现了你的团队精神和解决问题的意愿，又合理设定了个人时间的边界，避免了无界限的加班文化侵犯你的私人生活。

如果领导总是拿很小的错误来贬低和打压你，那又要如何应对呢？

这就需要我们祭出**第二招——"增值回转法"**。

当领导习惯性地拿小错误来打压你时，你可以这样回应："我确实注意到这个小失误了，感谢您的细心指正，这提醒了我细节决定品质的道理。我想借此机会，提出一个想法：或许我们可以建立一个团队内部的互助审查机制，每个人完成任务后，由另一位同事快速复核一遍，这样不仅能帮助彼此捕捉到可能遗漏的细微之处，还能促进团队成员之间的技能交流与提升。我相信，通过这样的互助，我们不仅能够减少错误，还能增进团队的凝聚力和整体工作效率。您认为这个建议是否有实践的价值呢？"

这招的亮点首先在于"化被动为主动"。你不是直接辩解或反驳，而是将焦点从错误本身转移到提出建设性解决方案上，显示你的主动性与团队意识；其次，你还给出了一个"增值提议"，提出一个能够为团队带来正面改变的建议，让领导看到你对团队发展的贡献和思考，而非仅仅停留在改正错误层面。最后，你通过提议团队互助审查，间接指出错误的发生是每个人都有可能面临的，而非个人专属问题，这有助于减轻你个人被针对的感觉。

当然，使用"增值回转法"的前提是你需要克服自己的"老好人"倾向，因为"老好人"会下意识觉得自己用了这招，可能会把同事们也拉下水。但请你记得，领导和你们本就不是对等关系，你只有把同事们的力量裹挟进来，才能让领导对一群人进行职场 PUA 的时候掂量掂量。

第三招，来自熊太行老师的"零号原则"，也叫"逃生舱原则"。

熊老师频繁地收到相似的困惑："熊老师，我对目前的工作环境深感疲惫。但当初入职历经重重挑战，离职的念头也因不舍之前的付出而摇摆不定，我应该如何是好？"

面对这样的苦恼，熊老师惯用一个生动的比喻来引导思考："想象你是一名太空探险家，在遥远的太空站执行任务，不幸遭遇火灾，火势失控，你该作何选择呢？"

对方答："自然是迅速登上返回舱，安全返回地球。"

熊老师继而追问道："此刻，你会为放弃太空站而感到惋惜吗？"

对方又答："当然不会，生命安全至上！"

这便引出了"零号原则"——无论我们多么致力于保住工作、追求晋升或增加收入，都应预留一条脱身之路。在职业生涯遭遇极端困境时，能够确保自己拥有抽身而出的能力至关重要。

为此，熊老师提出了一项具体指南：根据个人基本开销，预先准备一笔足够支撑至少三个月房租的紧急基金作为离职缓冲金。对于初入职场的新人而言，这便是离职时能够自信做出决定的财务后盾。

最后的话

在职场的风雨旅程中，面对 PUA 的暗流，我们需要的不仅仅是盾牌，更是内心的灯塔。每一步对内的修炼与对外的应对，都是在为自己铺设一条更加坚固和光明的道路。不要害怕拒绝，也不要恐惧改变，因为在职场的海洋里，真正的舵手永远是那个能够自主导航、勇敢破浪的人。

培养你的"三感"，逐步从依赖走向独立，最终达到无条件自尊的境界。这不仅是职场生存的策略，更是个人成长的必经之路。记住，每一次合理设置的界限，每一次有建设性的提议，都是在为自己拓宽自由和尊重的边界。

职场 PUA 虽然存在，但它不该成为你职业旅程中的绊脚石。通过运用上述策略，你不仅能有效抵御职场 PUA，还能在此过程中成长，学会如何在复杂的人际网络中游刃有余，保护自己。

正如海明威所言："生活总是让我们遍体鳞伤，但到后来，那些受伤的地方一定会变成我们最强壮的地方。"

育儿理念与长辈严重冲突，怎么办

精神受力不仅仅局限于职场，在家庭领域同样存在。尤其对于双职工父母而言，家中长辈的助力在子女接送、日常生活照顾等方面确实起到巨大的减压作用，让忙碌的父母得以喘息。然而，这种便利背后，也潜藏着不容忽视的潜在冲突。

当孩子的抚养由多个家庭成员共同参与时，多样化的观念和方法便不可避免地交汇碰撞，尤其是两代人之间因时代背景和教育理念的差异，育儿观点上的不一致乃至冲突几乎成为普遍现象，而非个例。

比如，刚刚和孩子说好今天不许吃冷饮，没一会儿，奶奶就给孩子喝果汁、吃冰激凌；又如父母努力鼓励孩子做家务，孩子也答应今晚会负责洗碗，结果，晚饭后，爷爷心疼孙儿劳累，悄悄把碗洗了，还对孩子说："你去玩吧，这些活儿爷爷来做。"这样的情况，虽然出自善意，却无意中削弱了责任和规则意识，也让孩子接收到混淆的信息，不明白为何规则和承诺可以轻易改变。

面对育儿中的不同做法，你感到颇为苦恼，想要倾诉时，却发现伴侣也只是"双手一摊"，无奈地表示束手无策。内心的焦灼，驱使你决定直接与长辈沟通你的疑虑与不满，却不料，这一举动瞬间如同火星落入火药桶，将因教育观念差异而潜藏的矛盾彻底点燃，一场围绕育儿理念的激烈争论在所难免。

※ 冲突的本质

冲突的本质实质上是两个时代价值观与教育理念的深层碰撞。

站在年轻父母的视角下，你在信息时代的背景下成长，接受了更多元、开放的教育理念。因此，倾向于采用更为科学和符合心理学的育儿方式，重视个体发展。作为年轻父母的你相信，通过给予孩子适度的自由与责任，能够激发孩子的内在潜能，培养其独立思考和解决问题的能力。在你看来，爱是放手让孩子经历挑战，从失败中学习，从而成长为有韧性的个体。

而站在长辈们的视角下，由于其教育观念深受成长时代的社会文化影响，他们更加强调顺从与集体主义价值观。在长辈的眼中，爱往往与物质满足、生活照料紧密相连，他们通过无微不至的呵护来展现对下一代的深情厚谊。长辈们经历过更多的物质匮乏与生活艰辛，因此，他们倾向于用"避免孩子走弯路"和"直接给予帮助"的方式来表达爱,避免孩子重复自己曾经历过的困难与挫折。

这种在"爱的诠释"上的差异,如果没有得到妥善处理,很容易转化为家庭内部的紧张与冲突,影响孩子对世界的认知,危及家庭成员间的情感纽带。因此,理解和尊重彼此的爱之表达,寻找两代人教育观念的融合点,成为解决冲突、促进家庭和谐的关键所在。

那遇到这类问题,究竟应该怎么办呢?下面我就来说说,在育儿方面与长辈相处的两个误区、一个原则和三个场景方案。

※ 两个误区:逃避与对抗

人类面对冲突时,固然存在着本能的逃避或对抗反应,但在处理与长辈育儿理念不一致的情境中,直接采取"逃避"或"对抗"的策略往往是不恰当的。原因如下:

首先,**逃避(即沉默或回避)**虽然可能暂时缓和表面的紧张气氛,但它并未解决根本问题。长期的逃避会导致误解加深,问题积累,最终可能爆发更大的冲突,同时错过孩子成长过程中的重要教育时机,影响家庭成员间的情感联系和教育效果的一致性。

其次,**采取对抗的方式**,即单方面坚持己见,强力推行自己的教育理念,又可能会伤害到长辈的感情,破坏家庭和谐。长辈的经验和情感投入对家庭同样宝贵，直接对抗不仅否定了他们的贡献，也可能引起他们的反感，使他们更固守己见，不利于构建统一的教育战线。

在育儿这一需要长期协作与情感支持的领域，真正有效的方式是超越这些原始本能，采取更为成熟和建设性的策略。**教育不是独唱，而是家庭的合唱**。这就意味着，在处理与长辈的育儿分歧时，寻求和谐与共识，共同编织教育的交响曲，比任何单一的强音都来得更为重要和深远。

※ 一个原则：与爱人结为同盟

在应对与长辈之间的育儿观念差异时，最关键的**"一个原则"**是与伴侣建立坚实的同盟关系。这不仅是情感上的相互支持，更是育儿决策上的一致对外。作为父母，你们是孩子教育的主轴，携手合作，统一立场，是向长辈传达清晰、连贯教育理念的基础。

具体实施时，可以参考以下六个步骤：

第一步，私下沟通。在与长辈讨论之前，确保你和伴侣在关键的育儿原则上达成共识。通过深入对话，理解彼此的担忧、期望和底线，制定出双方都能接受的教育目标和方法。

第二步，共同呈现。在家庭会议或日常交流中，尽可能以"我们"而非"我"来表述教育计划和规则，展现出父母双方的统一战线。这不仅增强了信息的权威性，还让长辈感受到你们作为一对负责任父母的团结力量。

第三步，**尊重与感激**。在提出不同意见时，先表达对长辈付出的感激之情，肯定他们在孩子生活和成长中的重要作用，强调讨论的目的是为了更好地整合资源，为孩子创造一个一致且有利的成长环境，而不是质疑或否定他们的爱与努力。

第四步，**灵活变通，求同存异**。认识到没有绝对正确的育儿方式，每一代人都有其独特的智慧和价值。在非原则性问题上，可以适当妥协，允许一些差异存在。同时，探索如何将长辈的经验与现代教育理念相结合，找到适合自家孩子的平衡点。

第五步，**设立边界，明确责任**。在爱与尊重的前提下，清晰界定各方在育儿中的角色和责任，特别是关于规则制定与执行的部分。可以通过家庭协议的形式，明确哪些是父母负责的范围，哪些是可以邀请长辈参与或给予建议的领域。

第六步，**持续沟通与反馈**。育儿是一个动态过程，需要不断调整和优化。定期与长辈分享孩子的进步和面临的挑战，邀请他们基于共同目标提出建议。同时，也要勇于分享自己作为父母的困惑与心得，让长辈看到你们的努力与成长，增加他们对新式教育方法的理解和接纳。

通过以上策略，在保持家庭和谐的同时，逐步构建一个既尊重传统又拥抱现代的育儿生态系统，让爱与智慧跨越代际，共同促进孩子的健康成长。

※ 三个场景方案

不过有时候，当遇到爱人因某些现实困境难以直接站出来形成育儿同盟时，策略的调整尤为关键，我们可以采取三个场景方案来应对。

场景一：你们住在一方长辈家里，寄人篱下。遇到这种情况，你们需要设法在职场或副业上努力，获得更高的收入，从而有能力搬出去住。毕竟，代际冲突都是由生活中的一件件小事引起的，如果降低接触频次，彼此之间的边界感就更容易形成。

场景二：孩子还比较小，双职工家庭没人带孩子。在这种情况下，首先需要认识到长辈的帮助是宝贵的资源。为了减少因育儿方式不同产生的摩擦，可以尝试提前规划和分工。

比如，制定一份详细的家庭日程表，明确标注孩子的生活规律、学习任务以及休闲活动，并在其中融入你认同的教育理念。同时，可以利用周末或休息时间亲自承担更多育儿责任，展示你的教育理念，并在此过程中邀请长辈参与，让他们在生活中观察和理解你的方法。

此外，可以考虑寻找间接影响的机会。例如，可以提议一起观看一些教育节目或者阅读育儿文章，间接引入你认同的教育理念，并在日常生活中寻找机会，以轻松的方式展示你们的教育方式对孩子积极的影响，逐渐让长辈看到并理解你们的方法。

场景三：由于种种原因，不得不与长辈相处。那就请务必注意以下两点。

第一，降低期待值。你还记得吗？**改变可以改变的，接受无法改变的，如果你一时无法接受，又无法改变，那就暂时放一放**。理解并接受在特定环境下，不可能实现所有理想的育儿设想。放一放对即时改变长辈育儿观念的期待，转而专注于长期的、逐步的沟通与融合。认识到每个小的进步都是成功，比如长辈偶尔愿意尝试你推荐的教育节目，或是听取你的建议调整某项规则，这些做法都值得庆祝和鼓励。

第二，**避免当着长辈的面与爱人对育儿方式发生争执**。在长辈面前，保持与伴侣的一致性和尊重至关重要。避免直接在孩子或长辈面前争论教育方式的高低，这不仅可能加剧矛盾，还会给孩子带来负面影响。当分歧出现时，选择私下沟通，用建设性和尊重的态度表达观点，同时倾听长辈的想法，寻找共识点。可以提议定期举行家庭会议，以平和、开放的心态讨论育儿话题，让每个人都有机会发言，共同寻找最符合孩子利益的解决方案。

最后的话

家，绝非是没有风暴的所在，而是须学会在风暴中蹁跹起舞的港湾。

在处理与长辈的教育观念差异时，当我们学会了在尊重与理解的土壤中栽种沟通的种子时，它便能生根发芽，绽放出和谐共融的花朵。

每个家庭都是独一无二的交响乐团，不同的乐器，不同的旋律，只有当每个音符都被赋予理解和尊重后，才能演奏出最动人的乐章。如果你能以爱为指挥棒，引领这场跨越代际的合奏，孩子才能在这美妙的音乐中茁壮成长，学会尊重、理解与爱，成为连接过去与未来的桥梁。

在整个过程中，最重要的是，我们作为父母也在不断地学习和成长，学习如何在挑战中寻找机遇，如何在差异中看见互补，如何在冲突中孕育共识。最终，你会发现，这不仅仅是关于如何教育孩子的旅程，更是一场自我发现与提升的旅程。

04

第 4 章

不受力人生的五种工具

前面章节的内容讲的都是策略；在本章，我会分享五种有效的工具，帮助你在精神受力的情况下迅速地觉察，提升管理自身情绪的能力。

4.1 自我探索日志，揭开内心世界的神秘面纱

※ 为什么你要写自我探索日志

自我探索日志，是我要与你分享的第一种工具。

什么是自我探索日志？简而言之，它是一个记录个人思想、情感、行为和重要生活事件的私人日记或笔记。不同于一般的日记，它更侧重于深入的自我反省与情绪觉察。通过定期书写，你可以追踪情绪的变化模式，识别触发情绪波动的事件，探索这些情绪背后的思想和信念。它是自我认知旅程中的一个强大伴侣，能帮助你揭开情绪的神秘面纱，理解自己更深层次的需求和愿望。

自我探索日志主要有三个作用。

第一，它让我们能够精准地辨认出究竟是何种情绪在悄悄消耗我们的精神力量。在日常生活中，我们或许会经历难

以名状的情绪低谷，胸口仿佛被无形的重物压迫，却说不出所以然。这就如同身体发烧，若不通过医疗检测，我们无从知晓是何种病毒作祟，自然也无法施以正确的治疗。同样地，在错综复杂的内心宇宙里，一旦我们能够清晰地定位到精神压力的本源，就如同点亮了一盏指路明灯，指引我们采取精确有效的策略，直击问题核心，从根本上舒缓与调适，重获内心的宁静与力量。

比如，小 L 是一位职场新人，面对高压的工作环境，他经常感到焦虑和疲惫，但又不清楚这种情绪的具体来源。开始撰写自我探索日志后，小 L 在一次记录中提到，每当临近项目汇报的前一周，他的焦虑感就会显著增加。通过连续几周的记录，他发现这种情绪与对失败的恐惧、对表现不佳的担忧紧密相关。这一发现让他明白，真正困扰他的不是工作量本身，而是对结果的过度担忧。于是，小 L 开始针对性地调整策略，比如提前准备汇报材料，进行模拟演讲来增强自信，同时学习放松技巧来管理紧张情绪。几个月下来，他不仅在工作汇报上更加游刃有余，也感觉自己对情绪的控制力大大增强。

第二，自我探索日志是自我成长的见证者。它记录了我们的思想变化、情感起伏和行为成长的轨迹，使我们能够回顾过去，看到自己如何一步步克服困难、突破自我限制。这种"时间旅行"般的回顾，能给予我们极大的成就感和动

力，让我们在遇到新的挑战时，能够有信心地说："我之前
也遇到过难关，但我挺过来了。"

例如，小 Z 在她的日志中详细记录了从决定转行到完成
新领域首个大项目的全过程。最初，她充满了不确定和自我
怀疑，但在日志中不断记录学习心得、每次小进步和遭遇挫
折后的反思，最终这些记录变成她成长的证据。每当她回看
这些文字，都能从中汲取力量。

第三，自我探索日志还是情绪的宣泄口。在现代社会，
人们常常因各种原因压抑自己的真实感受，长此以往可能导
致心理压力累积。日志提供了一个私密且安全的空间，让我
们能够毫无保留地表达自己的喜怒哀乐，无论是积极的还是
消极的情绪，都可以在这里得到释放。这种释放有助于减轻
心理负担，维护心理健康。

比如，小 W 在经历了一次痛苦的职业挫败后，在日志中
倾诉自己的失落和不甘，伴随着泪水的宣泄，她感到一种前
所未有的轻松。随后，她在日志中制定了新的职业规划和学
习计划，这份来自内心深处的力量让她迅速振作起来，重新
出发。

※ 如何一步步撰写你的自我探索日志

开始撰写自我探索日志，你需要一个安静、无打扰的环
境，以及一颗愿意面对真实自我的心。以下是撰写结构化日

志的四个详细步骤：

第一步：事件记录。

事件是自我探索日志的起点，你需要客观、详尽地描述发生的事情。这不仅仅是简单地陈述事实，而是要尽可能捕捉细节，比如时间、地点、涉及的人物、事件的起因经过结果。例如，"今天下午 3 点，在办公室，我与项目经理讨论了下一季度的工作计划，期间我提出了一个创新的想法，但被否决了。"

第二步：情绪感知。

在记录完事件后，紧接着探索感受。试着用形容词来标记你当时的情绪状态，如"失望""兴奋"或"挫败"。更进一步，描述这些感受是如何在你的身体上体现出来的，如"心脏快速跳动""胃部收紧"等。这有助于你更深刻地理解情绪的物理表现，增强情绪的自我意识。比如，"被否决后，我感到一阵失望，胸口像被一块石头压住，呼吸变得有些急促。"

第三步：深入觉察。

觉察阶段，你需要深入分析事件背后的原因，以及这些感受所蕴含的信息。问自己：这些情绪的根源是什么？是否触及了我内心的某个敏感点？我从中学到了什么？例如，"我意识到，我的失望不仅仅是因为想法被否决，更多的是源于对自我价值的认可需求。我学到，需要更多地从团队的角度考虑问题，并且提高提案的说服力。"

第四步：行动规划。

最后，制订行动计划。基于前面的分析，思考如何应对类似情况，或如何改善自己的情绪状态。具体化你的下一步行动，设定小目标。例如，"为了下次能更有效地提出我的观点，我计划每周阅读一篇关于项目管理的文章，提高我的专业素养，并且提前与同事交流我的想法，收集反馈，优化提案。"

※ 自我探索日志在家庭场景中的运用

自我探索日志在家庭场景中同样适用，它可以帮助处理家庭关系中的情感纠葛，增进家庭成员间的理解和沟通。例如，家长小 H 在与青春期孩子的相处中经常感到挫败和无奈，孩子反叛的行为让家庭氛围紧张。小 H 开始在日志中记录每次冲突的细节，以及自己和孩子在冲突中的情绪反应。

事件记录："周六晚上，因为孩子熬夜玩游戏，我们发生了争执。我要求他早点休息，但他表现出强烈的抗拒，说我不理解他。"

情绪感知："那一刻，我感到愤怒和无力，拳头紧握，心跳加速，而在孩子的眼神中则是失望和反感。"

深入觉察："反思这次冲突，我意识到我的愤怒其实来源于对孩子未来的担忧，以及对自己教育方法的不自信。我学到，真正的沟通需要更多倾听和理解，而非单方面的命令。"

行动规划："为了改善亲子关系，我决定每周与孩子进行一次无干扰的对话，了解他的想法和需求；同时，我也将参加家长教育工作坊，学习更有效的亲子沟通技巧。"

通过这样的记录和反思，小 H 不仅在日志中找到了自我调整的方向，也逐渐找到了与孩子和谐共处的方法，家庭氛围得到明显的改善。自我探索日志在家庭生活中的应用，证明了它作为情绪管理工具的广泛适用性和有效性，无论是来自职场的挑战还是家庭关系，都能成为我们理解自我、提升情绪智慧的宝贵助手。

与此同时，在具体的践行过程中，你可以遵循以下四个原则：

原则一，定时写作：选择一个固定的时间，每天或每周，坚持记录，使之成为习惯。

原则二，诚实面对：在日志中，对自己绝对诚实，不加修饰地表达真实感受。

原则三，保持开放性：对自我发现保持好奇和接纳的态度，无论是积极还是消极的发现。

原则四，反思与回顾：定期回顾之前的日志，从时间的维度审视自己的成长和变化。

最后的话

自我探索日志如同一面镜子，让我们在字里行间遇见真实的自我，也如一位沉默的导师，引领我们在心灵的迷宫中寻找光明。它教会我们，每一次心绪的波澜都是自我认知的契机，每一次笔尖的流淌都是心灵深处的觉醒。

最深刻的疗愈始于自我觉察，最美的成长植根于持续的探索。拿起笔，翻开新的一页，不仅是记录生活，更是书写属于自己的心灵史诗。 在不断的书写与反思中，你会发现，那些曾让你精神受力的挑战，终将成为塑造你坚韧灵魂的宝贵磨砺。

正如苏格拉底所言："未经审视的生活不值得过。"愿你的每一篇日志，都是对生命最真挚的审视与珍惜，引领你一步步走向内心深处的平静与强大。

未来不迎，当下不杂，既过不恋

曾国藩有一句名言：**物来顺应，未来不迎，当下不杂，既过不恋**。这是很多人想要实现的目标，具体要如何做到呢？你可以依靠第二种工具：正念冥想。

※ 为什么你要练习正念冥想

正念冥想是一种让你的注意力完全集中于当下的练习，通过观察自己的呼吸、感受、思绪而不加以评判，从而培养出一种超然的自我觉察能力。在快节奏和高压力的现代生活中，人们往往被过去的遗憾或未来的焦虑所牵扯，而忽视了生活的真正质地——此时此刻的体验。曾国藩的"物来顺应，未来不迎，当下不杂，既过不恋"正是对这种生活态度的精炼概括。正念冥想能帮助我们实践这一哲学。

通过正念练习，我们学会观察自己的思维模式，特别是那些反复回溯过去、沉溺于遗憾的思维习惯。**当我们意识到这些思绪时，不要去抑制它们，而是温柔地将注意力引回到当前的呼吸或身体感觉上。**这种练习有助于减少对过去事件的情感依附，让我们更加释然地接受已经发生的一切，不再无谓地纠缠于过往。

在日常生活中，我们的注意力常常被多任务处理、外界干扰以及内心的杂念撕扯。正念冥想训练我们保持专注，**即便是在思绪纷飞的时候，也能迅速识别并温柔地引导自己回归到单一的焦点上，如呼吸**。这种能力在日常生活中体现为能够全心全意投入到每一个活动中，无论是工作、交谈还是简单的吃饭，都能做到一心一意，体验到真正的"纯粹当下"。

对未来过度的担忧和规划也常常使我们无法享受现在。正念冥想教会我们接纳不确定性，认识到担心未来并不能改变什么，反而会消耗我们的精力和幸福感。**通过练习，我们可以学会在面对未来时保持开放和适应性，而不是盲目地抗拒或期待**。这样，即使面对未知，我们也能更加从容不迫，活在当下，为未来做好准备，而不是让未来成为负担。

为什么正念冥想会有这些功效呢？

首先，正念冥想在缓解压力方面显示出强大效能，它能够显著减轻个体的压力负荷。正如《十分钟冥想》作者、正念冥想大师安迪·普迪科姆（Andy Puddicombe）所述，一项针对抑郁症复发率的科学研究对结合正念冥想练习的患者群体与单一依赖药物治疗的群体进行了半年的跟踪对比。研究发现，75%参与正念练习的患者能够在短短半年内减少对药物的依赖，并报告他们的生活质量有了显著提升。

其次，正念冥想被证实为改善睡眠质量、缓解失眠的有效手段。 失眠不仅影响日常精力，还会导致情绪波动及神经紧张。斯坦福大学 2009 年的研究表明，仅仅六周的正念冥想训练，就能有效缩短失眠者入睡所需时间，从平均 30 分钟减少到 15 分钟，显著提高了睡眠效率。

再次，正念冥想对于增强情绪调节能力具有积极的促进作用。 大脑的前额叶皮层与情绪管理紧密相关，而该区域灰质的充足是维持良好情绪控制的关键。著名健康心理学家凯利·麦格尼格尔（Kelly Mcgonigal）在她的著作《自控力》中引用神经科学研究成果，强调定期进行冥想能够促进大脑灰质的增加，尤其是前额叶皮层区域，这直接增强了个体的情绪调控能力，从而有效预防因灰质缺失可能导致的情绪失控问题。

※ 如何有效践行正念冥想

科学地践行正念冥想，你可以参考以下六点。

第一，设立固定时间：选择一天中相对安静的时间，每天坚持练习，哪怕开始时只有几分钟。

设定一个固定的冥想时间有助于形成习惯，让正念练习成为日常生活的一部分。早晨刚醒来时，大脑相对宁静，是一天中进行冥想的绝佳时机，可以帮助你以清晰和平静的心态开始新的一天。如果你的日程安排较为紧凑，也可以选择午休后或晚上临睡前进行，利用这些时段帮助身心放松，整理思绪。重要的是，无论你选择哪个时间段，都要确保它是你可以持续坚守的，哪怕最初只能抽出几分钟，也要坚持每天进行，逐渐增加时长。

第二，找一个静谧的空间：创造一个无干扰的环境，有助于提升冥想质量。

为了达到最佳的冥想效果，选择一个安静且私密的地方至关重要。这个空间应该远离日常生活的噪声和干扰，比如电视、手机提示音等。你可以通过关闭门窗、使用耳塞或播放轻柔的背景音乐来隔绝外界声响。如果可能，布置一些植物或点燃香薰，营造一个更加平和与舒适的氛围，有助于心灵更快进入冥想状态。

第三，采取舒适的姿势：可以是盘腿坐、在椅子上坐直或躺下，关键是保持背部挺直，身体放松。

冥想的姿势应该是既稳定又放松的，这样你才能够长时间保持而不感到不适。盘腿坐（莲花坐或半莲花坐）是最传统的冥想姿势，但并非唯一选择。坐在椅子上也是很好的方式，只需确保双脚平放地面，背部直立，双手轻轻放在膝盖上。躺着冥想虽然舒适，但容易使人入睡，初学者应谨慎选择。无论哪种姿势，都应保持头部、颈部与脊柱自然对齐，以便能量流畅，同时全身肌肉放松。

第四，聚焦于呼吸：将注意力集中在呼吸上，感受气息进出的感觉，每次发现思绪漂移时，温柔地将其带回到呼吸上。

呼吸是正念冥想的核心，它是连接身体与心灵的桥梁。通过专注于呼吸，你可以将散乱的心绪收拢回来，进入当下。尝试深深地吸气，缓缓地呼气，注意空气进出鼻孔的感觉，以及胸腔和腹部随呼吸起伏的变化。当你的思维开始游离时，不必自责，只需温柔地承认这些念头，然后轻轻地将注意力重新导向呼吸上。这个过程可能会反复发生，关键在于耐心和持续的引导。

第五，使用指导音频或应用程序：对于初学者，可以借助冥想应用或录音指导，逐步深入练习。

市场上有许多正念冥想的应用程序和在线资源，它们提供了丰富的引导式冥想课程，适合不同水平的练习者。这些工具通过声音指导，帮助你更好地理解冥想的过程，保持练习的连贯性和深度。跟随专业的指导，你可以更轻松地克服初期的不适应，进入冥想的更深层阶段。

第六，持之以恒：正念冥想的效果需要时间积累，不要期待立竿见影，关键在于持续的练习与体会。

如同任何技能的习得，正念冥想也需要时间和耐心。初期你可能难以感受到显著变化，甚至会遇到挑战，如难以静心、频繁走神等。这些都是正常的体验，不应成为放弃的理由。记住，每一次的冥想都是对自我意识的一次滋养，随着时间的推移，你会逐渐体会到内心的平静、清晰和自我觉察的增强。持续的实践，让正念冥想成为你生活的一部分，它将会在不知不觉中为你带来深远的正面影响。

最后的话

在探索正念冥想的征途中，我们仿佛手执一盏明灯，照亮内心幽径。 正如曾国藩所说，"物来顺应，未来不迎，当下不杂，既过不恋"。正念冥想犹如那温暖而明亮的光芒，引领我们在纷繁世事中发现内在的宁静岛屿。它不仅是一种修行，更是一场内心的觉醒，让我们学会在波涛汹涌的海面上，找到平稳航行的方向。

于每一次冥想的静谧时刻，我们如同在心灵的海洋中种下一颗颗光的种子，它们在意识的深处生根发芽，渐渐照亮那些曾经隐匿的角落。我们学会了以一种温柔而坚定的姿态，而不是逃避或对抗，与自己的每个念头、每份情感共舞。

在这趟旅行中，我们发现，真正的成长与转变，不是外界认可的累积，而是源自内心的觉醒与自我接纳。无论外界风雨如何变换，只要心中的灯长明，你就能在每一刻的生活中找到光明与和谐。

重塑思维模式，解锁内心的平静密码

能够迅速帮助你从精神受力状态中解放出来的第三种工具是：情绪 ABCDE 理论。

※ 情绪 ABCDE 理论

情绪 ABCDE 理论是由 20 世纪 50 年代美国心理学家艾伯特·埃利斯（Albert Ellis）提出的心理策略，为我们提供了一套应对情绪困扰的解决方案。它以五个关键词的英文首字母命名，引领我们走过一段从情绪触发到情绪管理的旅程。

A 代表 Antecedent（前因）：生活中的某个事件，是故事的开头，就像一块激起心湖涟漪的石头。比如，你在公园享受阅读时，意外遭遇咖啡被打翻的情景。

B 代表 Belief（信念）：内心深处的即时想法，是我们的解读滤镜。在这个案例中，你可能认为"这个人太粗心了"，这样的信念立即塑造了你的情绪基调。

C 代表 Consequence（后果）：信念催生的情绪与行为反应。基于上述想法，你感到懊恼和愤怒，这是未经审视信念直接导致的情绪结果。

D 代表 Disputation（争辩）：关键转折点，挑战并质疑原有的信念。当你发现对方是位盲人时，开始重新评估情况，对之前的判断产生了疑问。

E 代表 Exchange（替换）：通过争辩，旧信念让位于新视角，情绪也随之转变。你从愤怒转为宽慰，甚至感恩没有造成更大的伤害。

通过这个生动的思想实验，我们可以看到，**情绪的舵手并非外部事件本身，而是我们内心的信念体系**。未掌握ABCDE 理论时，我们往往任由原始信念主宰情绪反应，停留在 C 阶段。但一旦运用此理论，主动进入 D 阶段，质疑并调整信念，我们便能到达 E 阶段，实现情绪的积极转变，以更理性和同情的角度处理问题。

简而言之，情绪 ABCDE 理论是一把钥匙，帮助我们解锁情绪的奥秘，从被动反应走向主动管理，使我们成为自己情绪的主人，而非奴隶。在现实生活的风浪中，这不仅是情绪自救的指南针，还是增进人际关系和谐的宝贵工具。

※ 情绪 ABCDE 理论在职场中的应用

在职场环境中，情绪 ABCDE 理论同样具有非凡的应用价值，它能帮助我们有效管理和转化工作中遇到的情绪挑战，提升职业素养和团队协作能力。

案例场景：项目延误

A（Antecedent）：你的团队负责的项目因为供应商延迟交付关键材料，导致整体进度落后。

B（Belief）：你可能会立刻想到："这完全是供应商不负责任，他们应该提前通知我们！"这种信念让你感到愤怒和无助。

C（Consequence）：基于这种想法，你可能对团队成员表达不满，气氛变得紧张，沟通效率降低，进一步影响项目的其他环节。

D（Disputation）：但通过情绪 ABCDE 理论，你开始反思："虽然供应商的行为对项目造成了影响，但我是否可以更早地跟进他们的进展？是否有备选方案可以立即启动？"这种自我质疑促使你从多个角度审视问题，而不仅仅归咎于单一因素。

E（Exchange）：在经过争辩和反思后，你决定召开紧急会议，与团队共同探讨现有资源下如何最大限度地减少延误影响，并制订应急计划。同时，你主动联系供应商了解详细原因，并寻求补救措施。通过这种方式，你将原本的消极情绪转化为解决问题的动力，团队的凝聚力和应变能力也因此得到增强。

职场应用要点如下：

其一，自我觉察：在情绪波动时，先暂停，识别触发情绪的具体事件（A）和背后的信念（B）。

其二，**理性分析**：运用批判性思维，质疑和挑战那些可能过于绝对或负面的信念（D），考虑是否有其他解释或视角。

其三，**积极应对**：基于新的认知，调整策略，采取建设性的行动（E），如沟通、协商、调整计划等，以促进问题的解决。

其四，**情绪调节**：通过这个过程，学会从情绪反应中快速恢复，保持专业和冷静，提升个人在职场中的情绪智力。

其五，**团队协作**：将情绪 ABCDE 理论引入团队文化，鼓励团队成员在面对挑战时采取积极的思考方式，共同构建一个支持性、高效的工作环境。

在职场中应用情绪 ABCDE 理论，不仅能够提升个人的情绪管理能力，还能促进团队间的理解和协作，为职场生涯铺设一条更加稳健和谐的发展道路。

※ 情绪 ABCDE 理论在家庭场景中的应用

家庭是情感交流最为密切的场所，同时也是情绪波动频繁发生的环境。情绪 ABCDE 理论在此同样适用，能够帮助家庭成员之间建立更健康的沟通方式，增进理解与和谐。

家庭场景案例：亲子关系冲突

A（Antecedent）：孩子考试成绩不理想，放学回家闷闷不乐。

B（Belief）：作为家长，你可能立刻认为："他一定是不够努力，最近玩游戏太多了。"这种想法让你感到失望和生气。

C（Consequence）：基于这种信念，你对孩子进行严厉批评，导致孩子更加沮丧，亲子关系紧张，沟通渠道受阻。

D（Disputation）：运用情绪 ABCDE 理论，你开始反思："是不是我对孩子的期望过高了？有没有可能他在学校遇到了困难，或者这次考试难度较大？"这样的自我对话帮助你从多个维度考虑问题。

E（Exchange）：基于新的认识，你决定改变策略，邀请孩子坐下来，以平和的态度询问他的近况，倾听他的感受和遇到的难题。你表达对他的理解和支持，并一起探讨如何改进学习方法。通过这种方式，原先的紧张氛围得以缓和，亲子间建立了更加信任和积极的互动模式。

家庭应用要点如下：

其一，耐心倾听：在家庭冲突中，首先要做的是放下预设的想法，耐心聆听对方的感受和需求，这是识别 A（前因）和理解 B（信念）的基础。

其二，共情理解：试着站在家人的角度思考问题，用同理心去感受他们的处境，这有助于在 D（争辩）阶段更有效地调整自己的信念。

其三，开放沟通：鼓励家庭成员之间开放、诚实地表达自己的想法和情绪，通过有效沟通达成共识，促进 E（替换）阶段的积极转变。

其四，共同成长：视每次冲突为家庭成员共同成长的机会，通过情绪管理的实践，增强家庭的凝聚力和解决问题的能力。

其五，树立榜样：自身的行为是孩子的最好示范。家长通过展现如何理性处理情绪，可以引导孩子学会自我调节，构建一个情商高的家庭环境。

最后的话

情绪 ABCDE 理论作为一项实用的心理策略，如同一套精密的内部操作系统，帮助我们优化情绪处理机制，在纷扰的现实与复杂的内心世界中，建立一套高效的情绪反馈与调节体系。在面对生活各领域的挑战时，从日常的琐碎摩擦到职业生涯的重大决策，乃至家庭内部的沟通交流，这套工具都能提供一个逻辑清晰、操作性强的框架，让我们在情绪的波澜中稳掌舵轮。

通过识别情绪的触发点（A）、审视内心深处的信念（B）、理解情绪反应及其后果（C）、主动质疑并调整既有观念（D），直至最后实现情绪状态的积极转变（E），这一过程是对自我意识的深度挖掘与升级。它教会我们，面对问题时不仅要处理外在事件，更要深入内在世界，以一种自我引导的方式，逐步从情绪的被动承受者转变为积极的管理者。

在实践情绪 ABCDE 理论的过程中，你不仅可以学会如何在紧张的工作环境中保持冷静与高效，如何在家庭中培育理解与共情的土壤，更重要的是，你还能逐步构建一种内在的力量，这种力量将使你能够更加坚韧地面对生活的不确定性，更加从容地与周围的人建立和谐的关系。它不仅可以提升个人的情绪智力，更能促进人际间的良性互动与家庭的整体和谐。愿你通过一次次践行，逐步掌握这一工具，让情绪不再是不可控的风暴，而是转化为推动自我成长与人际和谐的正面能量。

接受自我，以此为起点，活出你要的样子

第四种工具是：接受和承诺疗法。

英国心理学家罗伯特·戴博德（Robert de Board）在其著作《蛤蟆先生去看心理医生》中，巧妙地通过角色苍鹭之口传达了一个深刻见解：**没有一种批判比自我批判更强烈，也没有一个法官比我们自己更严苛。**

如果你常常难以接纳自我，陷入无休止的自我批判循环，那么接受和承诺疗法会很适合你。

※ 什么是接受和承诺疗法

接受和承诺疗法（Acceptance and Commitment Therapy，以下简称 ACT）是一种行为疗法，由心理学家史蒂文·海斯（Steven C. Hayes）在 20 世纪 80 年代末期发展起来。它基于一个核心理念：**人类的痛苦很大程度上来源于对负面思维和情绪的无益抵抗，以及对理想化过去或未来的过度关注，而不是活在当下并根据个人的价值观去行动。**

ACT 作为一种心理干预方法，它强调通过接纳而非逃避或控制那些令人不适的思维和情感，来提升个体的心理灵活性和生活质量。ACT 的核心在于六个关键过程，也被称为 ACT 的"六边形模型"，这六个过程相互关联，共同构成了其基础框架：

自我接纳（Acceptance）：这意味着全然接受当前的感受、想法和身体感觉，而不是试图抑制或消除它们。接纳并不意味着喜欢或赞同这些体验，而是认识到它们是人类经验的自然部分，允许它们存在而不与其抗争。

认知解离（Cognitive Defusion）：这一过程能帮助你学会从自己的思维中抽离出来，认识到想法仅仅是心理事件，而非客观现实。通过各种技巧，如记录法、观察思维或进行元认知，一个人可以减少对思维内容的认同，减少其影响力。

正念冥想（Mindfulness）：正念冥想在这里作为一个子工具，可以帮助你实现对当前时刻的全面觉知，不加评判地关注当前的经验，这有助于你脱离自动化的思维模式，增强对自身体验的觉察力。

情景化自我（Self-as-context）：这是你需要重点理解的一部分。你可以想象有一块没有边际的棋盘，上面黑白棋子对峙，白棋象征积极体验，黑棋则代表消极体验。通常人们往往会本能地倾向于在心里助力白棋战胜黑棋，视黑棋的增势为自我价值感的直接威胁，于是，生活中的某些经历和想法不幸地成为自我内部的对立面。

然而，如果你转变视角，不是将自己认同为棋局中的任何一方，而是认识到自己其实是承载这一切的棋盘本身。这就意味着，不论是开心还是痛苦的记忆，积极或是消极的想法，都如同棋盘上的黑白棋子，在棋盘上自由移动、相互作用，而棋盘始终是这一切发生的舞台，它超然于棋局之外，静观一切变化。

通过这样一个情景化自我的想象，你就能领悟到，自我并非由那些固定标签所限定的，而是更为广阔、多元的存在。**你不再是棋盘上的对弈者，拼命挣扎于胜负之间，而是成为一个能够容纳所有体验的容器**。这种转变促使你不再将负面经历视为必须驱逐的敌人，而是接纳它们为生活整体的一部分，进而增强与当下时刻的深刻联结，活在当下，学会在生活的波澜中安然自处，而非困于过往的战场或未来的幻想。

厘清价值（Values Clarification）：厘清价值是指引个人生活方向的深层信念和愿望。在 ACT 中，一个人被鼓励深入探索并明确自己的核心价值观，并将其作为行动指南。

承诺行动（Committed Action）：基于个人价值观，制订并实施具体的、有意义的行动计划，即使面对恐惧、不确定性和挑战也要持续行动。这涉及设定小步骤，逐步朝向个人愿景和目标前进。

※ 如何践行接受和承诺疗法

接下来，让我们通过一个有关于"你"的思想实验，具体说说如何一步步践行接受和承诺疗法。

　　请想象你是一个项目负责人，工作能力出众，但时常因为追求完美而深陷自我批判的漩涡。最近，由你负责的一个重大项目的销售数据遭遇了断崖式下滑，这让你感到极度焦虑和自责，你开始质疑自己的能力，担心这次的挫折会影响你的职业前景。随之而来的是失眠、工作效率的下滑，你的状态甚至影响到团队的氛围。

　　第一步：自我接纳。 你开始尝试接纳自己当前的焦虑和自责情绪，而不是一味地抗拒或否认。你开始学着允许这些情绪存在，意识到它们是面对挑战时自然的心理反应，而不是对自我价值的否定。

　　第二步：认知解离。 当脑海中响起"我做不到""我不够好"的声音时，你可以尝试使用"日志法"，把这些让你感到焦虑或自我批判的内容写下来。日志能帮助你看清楚哪些是你的情绪，而哪些才是真正的问题。

　　第三步：正念冥想。 你开始每天实践正念冥想这个工具。因为自我批判涉及的内容通常发生在过去，焦虑的事情往往发生在未来，而正念冥想则是通过诸如专注于呼吸、专注于脚底的触感等策略，强行把自己固定在当下。这样一来，你才更容易在日常工作中保持清醒的头脑，减少因过分担忧过去或未来而产生的压力，客观上提高了处理当下问题的能力。

　　第四步：情景化自我。 你开始将自己视作那个广阔的棋盘，而非棋盘上任何一个棋子。当你再次面对项目的挑战和内心的挣扎时，**想象所有的焦虑、自责、成功的喜悦、失败**

的痛苦如同棋盘上的黑白棋子，它们来来去去，而你——作为棋盘——只是静静观察这一切的发生，不被任何一方所定义或局限。这种视角的转换会帮助你从更宽广的角度看待目前的困境，理解挫折和成功都是构成你完整人生经历的一部分，而非决定你全部价值的标准。

第五步：厘清价值。经过内省，你清晰地厘清了自己在职业生涯中真正重视的价值，弄清楚了到底什么对你来说是重要的，什么可能更重要。比如项目销售额的确重要，但它只产生短期的影响。一方面，如果你能够在后期力挽狂澜，这更能体现你的能力；另一方面，哪怕退一步讲：十个项目，往往七八个会不顺利，可那又怎么样？对你来说，真正重要的是代表作！十个项目里，只要有两到三个出彩就足够了，这就是你可以写进简历里的代表作！你可以提醒自己："尽人事，听天命，对过程苛刻，对结果释怀。哪怕最后该项目不得不放弃，只要后续我能做出新的代表作，又怕啥？"

第六步：承诺行动。得到创始人罗振宇曾说：一行动，就创新；一具体，就深刻；一困惑，就出门。行动，具体，出门，都是你最终解决问题的良策。所以，既然根据前面的步骤，你已经分清楚了哪些是情绪，哪些是事实，哪些只是短期重要，哪些中长期更重要？那么，你就可以根据事实，根据每件事情的重要程度，以当下为起点，重新来制订切实可行的行动计划。

值得特别强调的是，在实践进程中，无须过分忧虑最终成效，将重心放在行动实施的过程上即可。**成功与否是一切的结果，而行动和过程才是原因。**假如面临的任务显得尤为艰巨，不妨采取拆解策略，将大任务化解为一系列小步骤，循序渐进地攻克。每达成一个小里程碑，都是对自信的一次累积，助你逐步建立起强大的自我效能感。**此策略被称为"小步快跑法"，**意在通过快速达成小目标来加速动力与信心的累积进程。

当你践行这六步法之后，随着时间的推移，你会发现，自我批判的声音逐渐减弱了，取而代之的是对自己更为宽容和理解的态度。团队成员也必将感受到你的变化，彼此之间的信任和合作精神也能得到加强，项目也可能逐渐回到正轨。更重要的是，你找到了自己的北极星指标，实现了个人成长与职业目标的和谐统一。

最后的话

正如尼采所言："你有你的路，我有我的路。至于适当的路，正确的路和唯一的路，这样的路并不存在。"

在人生的旅途中，我们每个人都是独一无二的行者，背负着各自的期望与负担。接受和承诺疗法教会我们如何拥抱风雨，如何在崎岖的道路中找到自己的节奏，继续前行。是的，**真正的力量源于接受自己的脆弱，承诺于自己的成长，活出每一次呼吸间的坚韧与美好。**

二十分钟运动训练，让运动改善情绪

第五种工具是：运动。

是的，你没有看错，运动不仅是对体魄的锻炼，更是让我们从精神受力状态中恢复的工具。而且，运动还以其极高的效益和迅速见效的特点，成为一款性价比极高的工具。

※ 运动改善情绪

运动为什么可以改善情绪呢？

首先，当我们运动时，身体会产生一系列化学反应，其中最为人熟知的就是内啡肽的释放。内啡肽是一种天然的化学物质，能够减轻疼痛感并引发愉悦感。这种效应让我们在运动后感到轻松愉快，仿佛给心灵做了一次深度按摩。

知名作家村上春树，曾经一度在精神上受到创作重任与生活琐事的双重压力。为了确保精力充沛，他践行了一套严苛的日程：每天 4 点起床，写完 4000 字，跑步 10 千米。

就这样坚持了 30 年，村上春树不仅减掉了中年人的肚腩，戒掉了烟瘾的束缚，最宝贵的是，他通过跑步，拥有了

与自己相处的时间，运动中大脑分泌的内啡肽让他从焦虑中解脱出来，使他体验到前所未有的心灵宁静。

跑步对他而言，变成一种日常的情绪调节机制，帮助他在面对创作的孤独与挑战时保持心态的平衡与积极。

正如他在作品中描绘的跑完马拉松的画面：

"我终于坐在了地面上，用毛巾擦汗，尽兴地喝水。

解开跑鞋的鞋带，在周遭一片苍茫暮色中，精心地做脚腕舒展运动，这是一个人的喜悦。

体内那仿佛牢固的结扣的东西，正在一点点解开。"

其次，在运动的过程中，多巴胺也会被释放出来。

什么是多巴胺？它是一种神经递质，通常与愉悦感、奖励感和动机相关联。多巴胺在大脑的奖赏系统中扮演关键角色，当我们从事令人愉快的活动或是期待某些奖励时，多巴胺水平会升高。

运动作为一种积极行为，能够促进多巴胺的分泌，从而提升我们的情绪水平，增加幸福感，并激励我们继续参与这样的活动。这种正面反馈循环不仅能够即时提升情绪，长期来看还能够帮助树立更加积极的生活态度和习惯。

一位跑步上瘾的网友是这样说的：

跑步这一年多，本来是冲着减肥去的，结果得到的好处多到数不清。每次跑完步一洗澡，瞅瞅镜子，发现自己身材越来越有型，那感觉简直太爽了！生活里有太多东西咱们控制不了，但看到自己的身体一点点变好，这种能把握自己身体的劲儿，真挺提气的。现在我这大腿、小腿线条一出来，心里那个美呀，觉得自己挺能坚持，挺能吃苦的，成就感爆棚！

跑完步，我整个人跟充了电似的，精神头足，脑子转得快，干什么事儿都特麻利。不像不跑步的时候，上午总有点迷糊，效率低得不行。可一旦跑起来，早上起来就像变了个人，啥活儿都不在话下，感觉没我搞不定的难题，自信满满，啥都敢碰一碰。

再说睡眠，自从运动规律了，好睡眠那是手到擒来。每天跑个四十分钟左右，下午精神饱满，工作起来效率翻倍，晚上沾枕头就着，一觉到天亮，别提多美了。

还有啊，跑步在无形中还让我注意起了吃。我现在讲究营养均衡，不吃撑，不乱吃，向着更健康的生活迈进。这些都是从那简单的跑开始的，没想到一步步带我走进了一个身心超级和谐的新天地。

村上春树在《当我谈跑步时我谈些什么》中写过一句话：

"境况越是糟糕，我们就越拼命去跑。"

人生又何尝不是一场马拉松，在这场"不如意十之八九"的旅途中，运动就是治愈你的良药。

※ 如何让自己坚持运动

从"知道"到"做到"向来有一道鸿沟，这就是"知行合一"为什么向来如此困难的原因。但我们可以通过行为设计，让我们更容易地养成运动的习惯。接下来，我就为你介绍我自己践行下来十分有效的三招，让你也能轻松养成运动的习惯。

第一招：给自己选择权。

运动的世界远不止跑步这一项，它包含了许多形式，每个人都能在众多选项中找到适合自己的运动，使之成为一种乐在其中的生活享受，而非沉重的负担。关键在于探索与尝试，直到遇见那份属于你的"运动情缘"。

不必拘泥于同一种运动方式，多样的选择不仅能够保持新鲜感，避免枯燥，还能灵活适应你的身体状态和情绪变化。阴雨绵绵的日子里，不妨在室内尝试跳绳的轻盈节奏，而当阳光明媚时，迈开步伐在户外快走，让自然的风光成为你运动的最佳伴侣。

以我个人为例，雨天时，我会在室内的小空间内开展我的跳绳计划。每次持续跳绳 1 分钟，随后查看智能手环监测到的心率，一般会攀升至 110 至 130 次/分钟的理想区间，这时稍微慢走一两分钟，待心率降至约 100 次/分钟，再进行下

一组跳绳。这样循环往复，大约 20 分钟内我就能轻松完成
8 ~ 9 组，既高效又富有趣味。

至于晴朗的好天气，我更倾向于走出家门，在小区的绿
意环绕中快走，耳畔伴着蓝牙耳机传递的挚爱播客节目，
20 ~ 30 分钟的时光在享受与学习中悄然流逝，让锻炼成为一
种心灵与身体的双重旅行。

第二招：从 1 分钟运动开始。

当具体运动选项摆在面前，下一步便是巧妙引导你的行
动步入正轨。一个屡试不爽的策略是，从微小的"1 分钟挑
战"启程。

为何偏偏选择"1 分钟"作为起始点？道理很简单：**过
高的期望往往是持续行动的大敌。记住我们的原则——"先
完成，再完美"**。将每日运动的门槛设为仅仅 1 分钟，你能
轻松跨越，而每一次的成功实践都是对自我能力的一次肯定。
奇妙的是，一旦迈出了那简单的第一步，身体和心理的惯性
往往会驱使你继续，20 ~ 30 分钟的运动不经意间就成为
现实。

回想起我初建运动常规时，运动似乎总是伴随着艰辛与
挣扎。**但转变始于我将目标精简为每日运动 1 分钟，我的内
心立刻将这项任务视作轻而易举的小事，降低了启动的阻力，
使我更愿意踏出第一步。**这便是利用行为心理的微妙作用，
让习惯的培养之路少了一份抗拒，多了一份自然而然。

第三招：践行"三个固定"。

所谓的"三个固定"指的是在不变的时间、地点执行固定的锻炼项目。

以我个人为例，每天早晨 7 点 45 分，就是我雷打不动的锻炼时刻。那一刻，我总会抓起我那醒目的橙色跳绳，在房间的中央划出一片专属运动的天地。

这套"三个固定"的奥秘，在于它在特定时空构建了一个专属运动的"仪式感"。随着日复一日的重复，这片特定的时空仿佛被赋予了魔力，逐渐强化成一种强有力的暗示，促使运动成为自然而然的行为模式。久而久之，正如睡前不刷牙会感到不适，到了预定的锻炼时间若不活动一番，身体和心灵都会不由自主地渴望运动带来的畅快与满足。

最后的话

在古希腊奥林匹亚阿尔菲斯河岸的岩壁上，刻着这样一句话：

"如果你想聪明，跑步吧；如果你想强壮，跑步吧；如果你想健康，跑步吧。"

遭遇误会，心情沉重之际，与其辗转反侧消耗自我，不如投身运动释怀。动起来，让身体的律动驱散心头阴霾，重拾心灵的平和与自由。

当郁闷笼罩，试着让一场酣畅淋漓的运动成为你的解药。汗水带走的不仅仅是身体的疲惫，更有心灵的重负，让困扰变得微不足道。

人生路遇低潮，与其沉溺于悲伤，不如以运动为伴，步步前行。每一滴汗水，都是与消极情绪的告别，让泪水与汗水交织，悲伤渐行渐远，直至消散无踪。运动之效，不在朝夕之间，而在持之以恒。日积月累，它回馈你以健硕的体魄和由内而外的欢欣。终有一日，你会恍然大悟，运动与否，划分的不仅是生活方式，更是两种截然不同的人生风景。

05

第 5 章

不受力人生的支撑系统

这是本书的尾声篇章。

在先前的章节中，我们携手漫步于各式精神挑战的丛林，探讨了应对策略与自我赋能的工具。终章则转而聚焦于构筑你内在的坚固基石——那些使你在风雨飘摇中依然屹立不倒的根本力量。

恰如树根之于参天大树，根基愈深固，外界风暴再猛烈也无法撼动。这一章，我们将揭示如何通过深化自我修养、强化内在支柱，确保你在面对生活施加的种种重压时能够泰然处之。

5.1 拥有稳定的情绪资源

一个人如何才能拥有稳定的情绪？首先，我们需要弄清楚情绪的本质是什么？

※ 情绪是一种资源

哈佛大学的斯蒂芬·霍布福尔（Stevan Hobfoll）教授在1988 年提出了一个深刻见解：个体不断地致力于守护与积累

他们珍视的资本，这涵盖了物质财富、情绪资源乃至社会联系等多个层面。霍布福尔的理论核心在于，**情绪并不单纯是无形的感受流动，它实质上是一种如同金钱般宝贵且须管理的资源**。在面对挑战、深入工作之时，除了专业知识的运用，我们还须动用注意力、集中精神以抵抗干扰，此过程便涉及情绪资源的积极调动与消耗。

如同汽车的燃油有限，情绪能量亦非取之不尽。如果过度使用而不及时补充，情绪能量便会面临枯竭。人类的本能会将资源的流失视为潜在威胁，一旦察觉资源快速流失，生理与心理机制便会启动，试图阻止进一步的损耗。诸如突然渴望离职或渴望休息，往往是情绪资源告急时，内心深处发出的自我保护信号，霍布福尔将其归纳为"资源保存理论"。

试想某个场景：平日里的社交达人，在夜晚友人聚会时却沉默寡言，仿佛白日的劳碌已将他的情绪油箱抽干，这便是情绪资源耗尽的直观体现。

扎克伯格的灰色 T 恤，乔布斯的黑色高领衫，看似寻常一成不变的衣着背后，隐藏着这些科技巨头对情绪资源的精妙掌控。他们深知，将日常决策简化至极致，如统一的着装风格，能有效规避琐事的侵扰，将有限的情绪资源倾注于更具创造性的事情上。这不仅是对效率的极致追求，更是对心智资源的智慧投资，从而在纷繁复杂的世界中保持内心的宁静与专注。

在处理资源问题时，传统智慧教导我们重视"开源"与

"节流"。同样地，既然情绪也是一种资源，如果想要拥有坚实稳定的情绪资源，关键也在于实行情绪领域的"开源节流"。

在先前章节中，我们深入探讨了多种策略，专注于如何有效地遏制情绪消耗，即"节流"之法。而现在，让我们转换视角，从短期与长期两个时间层面入手，探讨如何拓宽途径，增加你的情绪能量来源——"开源"之道，从而确保情绪资源的持续稳定与丰盈。

※ 短期：四种快乐激素，让你实现生理性开源

你看过皮克斯动画工作室的动画片《头脑特工队》吗？请你想象一下，在你的大脑深处，也有四个小人，分别负责调控着你的情绪，它们就来自你的神经系统与内分泌系统。这四个小人分别是多巴胺、内啡肽、血清素和催产素。

第一个小人是多巴胺。我们之前提到过，多巴胺是一种能激发愉悦和动机的奖励激素。当你在炎炎夏日、身心俱疲之际，一杯冰爽的奶茶所带来的愉悦，正是多巴胺在神经回路中释放的"奖励"信号。这种即时满足感，能快速提升我们的情绪状态。然而，过度依赖多巴胺的"奖励"机制，却可能让我们陷入一个恶性循环。例如，职场人士的"过劳肥"，往往是由于长期高压的工作状态透支了他们的情绪能量，进而将食物作为一种替代性的多巴胺来源。这种对快感

的不健康追求，不仅不利于身体健康，更可能导致心理上的依赖，形成一种新的压力来源。

在此分享一个简单而又健康的多巴胺来源。每天规划日常待办事项（to do list），并在事项完成后逐一勾销，这一简单行为本身就是刺激多巴胺分泌的妙方，而且还无须担忧任何负面影响。这种成就感源于大脑对完成任务的积极反馈，它不仅能提升我们的愉悦感，更能增强我们的自信心和掌控感。

第二个小人是内啡肽。这种激素宛如自然界的吗啡，担当着卓越的内在镇痛师角色。内啡肽扮演一种补偿性角色，遵循"苦尽甘来"的原则，其效果相较于多巴胺，不仅层次更为深远，持续时间也更为长久。那么，如何有效激活这份内在的愉悦源泉呢？

完成具有一定挑战性的任务是提升内啡肽水平的高效策略，举个例子，你可以尝试撰写一篇3000字的深度文章，或是悉心创作并剪辑一段3分钟时长的短视频。数小时沉浸于这样的创造性工作，足以让你的体内涌动起丰富的内啡肽浪潮。

有种说法"穷人沉迷多巴胺，富人追求内啡肽"，虽说有些过度简化和直接，但也有一定道理。**毕竟，做"难而正确的事情"，更能让一个人变得稀缺，建立起个人护城河。**

第三个小人是血清素。它是情绪调节的高手，为心情的稳定器。血清素在我们的体内扮演着情绪导师的角色，确保情绪的河流平稳流淌。一旦血清素水平滑落，焦虑的阴云、烦躁的心情，乃至肠胃不适和夜晚的辗转反侧都可能接二连三地到访。反之，保持血清素的均衡，就像是给心灵开了一扇窗，让平和与专注的阳光照进来，甚至引领我们达到"心流"境界——那种全情投入、浑然忘我的美妙状态。

晒晒太阳、正念冥想、感恩练习都能有效地提升体内的血清素水平。有一位知名出版社的总经理曾经向我分享，他以前经常失眠，后来每天在睡觉前，想想今天发生的三件好事，哪怕只是闭着眼睛回忆一下，这么一个简单的**感恩练习**就能帮助他晚上睡个好觉。

第四个小人是催产素。它是"社交黏合剂"，在人际互动的温暖瞬间悄然释放。它被尊称为爱的激素，不仅能够编织身心的松弛之网，有效驱散压力的阴霾，还能够激发一种深切的归属感，让人在心与心的交流中感受到温暖。

如果你有爱人，和他**拥抱和亲吻**可以分泌催产素；如果你有一个宠物，和它**玩耍**，也能分泌催产素；如果你这两样都没有，哪怕只是和他人**互相表达欣赏和赞美**，也都能分泌催产素。

践行促使这四种快乐激素分泌的行动吧，让它们在你的日常生活中源源不断地补充你的情绪资源。

※ 长期：渐进式胜利，令你跨期实现心理性开源

心理性开源的精髓在于将负面情绪炼化为推动前行的动

力引擎。在动机心理学的视野下，**一个人追求的动因，分为向往快乐的正面激励与逃离苦难的负面激励两大类**。尽管直接从负面情绪转化而来的动机看似无法直接为情绪资源"充值"，但这些动机触发的实践与努力，在时间的发酵下，最终会如同播种后的丰收，能够显著丰富你的情绪资产。

以我个人的亲身经历为例，2013 年，我迎来了职业生涯中的一个转折点，晋升至管理岗位，本以为是攀登高峰的开始，却不料这一步也迈入了个人挑战的深渊。管理岗位的初体验并非如预期中的风光无限，反而成了梦魇的序章。面对团队中的新手难以快速成长，资深成员又对我这位新领导有所保留的挑战，连续两年我的工作表现都跌落谷底，年终奖金也因此大幅缩水。

但正是在那段倍感压力与挑战的时期，我被迫深入省思：我的人生使命究竟是什么？我应当采取何种行动，以实现内心深处的志向？ 2014 年，我踏出了变革的第一步，勇敢报考了一所顶尖的 211 高等学府的 MBA 项目，经过一番激烈角逐，从 50 名备考者中脱颖而出，成为最终被录取的 5 名幸运儿之一。紧接着，2015 年年末，我注册开启了个人公众号，从此笔耕不辍。终于，某篇关于心理学的洞见之作被简书主编发现，推上了首页，不仅收获了海量阅读量，更意外地得到了人民邮电出版社编辑的青睐，从此我开启了撰写书籍的新篇章，踏上了一条文字铺就的探索与成长之路。

通过心理性开源，我在一个较长的周期里，走出了一条职场人少有人走的路，找到了自己的人生使命，还因出版书籍而获得了版税收入，这些被动收入赋予了我选择生活方式的自由。

这样的财务安全感无形中让我的心灵得到了安宁，也为我积累了丰富的情绪资源，这些资源如同坚固的铠甲，让我在面对职场上的严苛要求和挑战时，都能保持坚韧不拔。更重要的是，这一过程开启了自我提升的无限可能，让我向着更加完善的自我不断迈进。

尽管这一转变过程横跨了较长时间，是一段漫长的"渐进式胜利"，但心理性开源对你而言并非遥不可及。你也完全可以效仿实践，在自己的生活舞台上导演一场"漫长但实质性的蜕变"，最终实现内心情绪资源的稳定与丰盈。

最后的话

日本心理学家加藤谛三说："你的情绪是自己的自留地，可不是别人的跑马场。"

既然是自留地，就要设法"开源节流"。短期来看，科学利用四种快乐激素（多巴胺、内啡肽、血清素、催产素）对你的情绪滋养，来实现生理性开源；长期来看，将过往的挑战与压力转化为行动，并最终汇聚成内心的力量，渐进式地实现心理性开源。

积累丰富的知识储备

古时候，当月食发生的时候，所有人都会焦虑起来，以为是天狗食月，这背后是人们对自然现象缺乏科学认知的体现。但随着时代的更迭，人类积累了丰富的知识储备，这些知识逐渐成为我们理解世界、对抗未知与无常的坚实支撑。

在人生旅途中，你会遇到各类风雨和挑战。如果你提前洞察了问题的本质，自然就能从容地做出更加理性的判断，找到更好的应对策略。

但正如庄子所言：吾生也有涯，而知也无涯 。以有涯随无涯，殆已！因此，为了高效累积宝贵的知识财富，你可遵循"二八法则"的智慧，合理规划学习内容。这意味着识别并专注于对你来说至关重要的 20% 的知识精华——那些能够撬动职业生涯发展的关键领域。

这些内容能超越时代变迁、触及事物根本原理，它们不随流行趋势波动，而是构成认知自我乃至以此为起点，继而认识整个世界的基石。 在具体的知识选择上，如果只能率先从一个领域开始深入探索，我会推荐你优先探索心理学。

※ 为什么先从心理学开始

心理学，这门深入探究人类心灵的学科，不仅能让我们更透彻地理解他人，更能帮助我们更深刻地认识自己。通过学习心理学，我们可以提升自我认知，增强心理弹性，从而更好地应对生活中的各种挑战。

每个人都有自己独特的思维方式，这些思维方式往往是潜意识的，我们并不总是能意识到它们的存在。心理学帮助我们揭开思维模式的面纱，让我们看清自己的思维习惯、认知偏见和思维定式。例如，当我们总是担心未来会发生坏事时，心理学可以帮助我们识别出这种"灾难化思维"，并通过认知行为疗法等方法来改变这种思维模式。

情感是人类体验的重要组成部分，但我们并不总是能理解自己的情感。心理学能帮助我们了解情感的来源，以及它们是如何影响我们的行为的。例如，当我们感到愤怒时，心理学可以告诉我们，愤怒往往源于我们的需求没有得到满足，或者我们的价值观受到了挑战。通过了解愤怒的根源，我们就能更好地管理自己的情绪，避免做出冲动的决定。

我们的行为往往是由深层次的动机驱动的。心理学帮助我们探索这些动机，了解它们是如何影响我们的选择的。例如，当我们总是拖延任务时，心理学可以帮助我们找出导致拖延的深层原因，可能是因为我们害怕失败，或者是因为我们对任务本身没有兴趣。通过了解这些动机，我们可以采取相应的措施来克服拖延。

例如，很多人都熟知本杰明·富兰克林的名言："早睡早起使人健康、富有、聪明。"然而，每天早晨，即便知道这些好处，还是难以从床上爬起来。我在《行为上瘾》一书中探讨了一个关于人类行为的公式：**B = MAT。其中，B 代表 Behavior（行为），M 代表 Motivation（动机），A 代表 Ability（能力），T 代表 Trigger（触发因素）。任何行为的发生都需要这三个要素的共同作用。**

从早起这个角度来讲，许多人并非缺乏早起的能力，而是缺乏足够的动机。这里有一个简单的方法可以帮助你克服这个问题：设置两个闹钟，一个放在床头，另一个放在客厅，客厅的闹钟比床头的闹钟晚响 5 分钟。第二天早上，当床头的闹钟响起时，如果你不起床去客厅关掉那个稍后会响的闹钟，它就会吵醒全家。为了避免被家人责备，你会有足够的动机立刻起床。而且，当你走到客厅时，活动的身体会让你更容易摆脱困意，从而有助于你实现早起的目标。通过这个方法，你可以利用内在和外在的动机来调整自己的行为习惯，从而达到早起的目的。

同时，尽管我们身处一个快速变化的世界，但人类的心理活动仍然受到古老进化机制的制约。这意味着人类心理活动的基本规律在短期内不会改变，所以心理学的理论和实践具有持久的价值。无论是个人成长、职业发展还是社会交往，心理学都能提供宝贵的见解和实用的工具。

※ 你可以先从哪里开始入手

你可以将了解和学习人类误判心理学作为你的起点。

什么是人类误判心理学？它是一门研究人们在面对决策时常常出现的认知偏差和错误判断的学科。它揭示了人们在日常生活、工作乃至重大决策中，如何受到各种心理偏见的影响，从而导致非理性的决定。通过了解这些常见的认知偏差，我们可以更好地认识自己，避免重复这些错误，并在日常生活中做出更加明智的选择。

通过这一领域揭示的个体在决策过程中的种种非理性倾向，人类误判心理学能为我们提供一面镜子，映照出内心的偏见与盲点，从而指导我们在认知偏差的迷雾中找到清晰的方向。

例如，**确认偏误**是指人们倾向于寻找、解读以及记住那些能够验证自己既有观念或假设的信息，而忽视或轻视与之相矛盾的证据。这一偏误在社交媒体和信息过载的时代尤为显著，它可能导致群体极化和社会分歧。认识到这一点，我们应当主动寻求反面观点，保持开放心态，以便做出更为全面和客观的判断。

又如，**过度自信效应**，描述了人们往往过于相信自己的判断和能力，即便是在缺乏充分信息或技能的情况下也是如此。在投资、预测未来趋势或评估个人能力时，这种效应可能导致灾难性的决策。通过了解过度自信的倾向，我们可以学会设置现实的目标，进行风险评估，并采取措施来校正自己的预估，比如通过多元化策略分散风险。

以及**损失厌恶**，它是行为经济学中的一个重要概念，指的是相对于获取等量利益，人们对于损失有着更强的负面反应。这种心理机制解释了为何人们在面对可能的损失时，往往会变得保守甚至规避风险。了解损失厌恶可以帮助我们设计激励机制，避免因恐惧损失而错失良机，同时学会在权衡收益与风险时变得更加理性。

此外，**代表性偏差**，揭示了人们在评估概率时倾向于依赖事物的典型特征而非实际统计数据；**锚定效应**，则说明了首因影响的强烈性，初次接收到的信息会无意识地左右我们后续的判断和决策过程；**羊群效应**则描绘了一幅场景，人们往往不自觉地追随大众的行为与看法，哪怕这与个人的理性判断相左。这些都是人类误判心理学的研究范围。我在《熵增定律》与《熵减法则》这两本书中深入挖掘并扩展了这些内容，旨在识别并纠正这些心理认知偏差，以实现更理性的决策与认知优化。

通过深入学习这些心理机制，你不仅能够更好地认识自己，意识到潜意识中可能影响判断的偏见，还能增强对他人的理解与同情，提升团队协作与沟通的效果。在实际生活中，这将引导我们制订更为周全的计划，做出更加理性的决策，避免落入思维的陷阱，进而促进个人成长。

最后的话

在积累知识的征途上，我们是时间的旅行者，也是自我命运的建筑师。正如星辰引领夜航者穿越黑暗，以心理学为起点构建出的丰富知识储备将成为你人生的北极星，无论外界风雨如何变幻，都能指引你向光明与真理前行。

古希腊哲学家苏格拉底说："**我只知道一件事，那就是我一无所知。**"我们也当保持这份谦卑与好奇，让学习成为一生的修行。在不断积累与实践中，你会发现，真正的智慧不仅仅是知识的累积，更是在于理解、同情与行动的完美融合。**最终，当你站在知识的高峰回望，会发现曾经看似不可逾越的挑战，都已化作脚下的风景。**

5.3 构建足够的经济基础

请想象一下，如果你哪怕不工作，每月的工资外收入已然超出日常开销的双倍乃至三倍。面对生活投掷给你的种种挑战，你的心灵堡垒是否会在这样的经济安全感中，变得更加坚不可摧？确实，正是这种坚实的经济后盾赋予了你无比的心理韧性。

那么，如何才能砌筑起这样坚实的经济基石呢？接下来，我将与你分享一份来自美国学者托马斯·科里（Thomas Corley）长达 5 年的研究，他通过调查 177 位白手起家的富人和 128 位穷人，最终找到了三个行之有效的富有习惯，你也可以通过践行这些习惯，踏上财富累积的旅程。

※ 第一个习惯：克制

克制，换一个词来表述，就是"延迟满足"。这意味着，你愿意在当下放弃即时的欢愉，以换取未来更大的回报。

克制，在具体的践行中，可以体现在三个方面。

第一，节俭。

或许你会诧异，投资界巨擘沃伦·巴菲特的钱包中竟常备着麦当劳的优惠券。这一细节深深刻在了比尔·盖茨的记忆中，多年后他在致巴菲特的信函中提及此事："还记得我们的香港之旅吗？共进午餐时选择了麦当劳，你慷慨地提出由你来结账，随后你伸手入兜，取出的竟是……一张优惠券！

对于寻常人而言，这背后折射出双重心理考量：其一，是否有意识并愿意在生活中厉行节俭，哪怕是保留遇见的优惠券这样的细微之举；其二，当与身份显赫之士共餐时，你是否有勇气和自信，打破常规，实践节俭之道，即便这可能被误解为小气。这不仅是关于金钱的精打细算，更是对个人价值观与自信心的考验。

第二，储蓄。

你是否养成将收入的一部分存起来的习惯？在每月薪酬到账的那一刻，是否会自动预留至少10%作为储蓄？我感到十分庆幸，因为在职业生涯的起步阶段，我就奠定了储蓄的基石，而且我采取的策略更为进取，将收入的50%直接划入储蓄范畴。尽管起初我的月薪仅有2000元，但滴水穿石，时间见证了这些微小积累的巨大转变。

更重要的是，当你的手上有一笔闲钱后，你应会设法了解各类理财策略，让钱生钱。如果你有10万元储蓄，这笔钱每年就能为你贡献2500~4000元的被动收入；如果你继续努

力增加自己的储蓄数额，这笔稳定的被动收入额也会随之
扩大。

第三，分得清"需求"和"欲望"。

何谓"需求"？ 微软的 Surface Pro，我视之为必备工具，
因为它轻巧便携，能轻松收纳于背包中，无论是在高铁站、
机场，还是在酒店，它都能随时成为我灵感迸发时的写作
伙伴。

何谓"欲望"？ 诸如无人机航拍装备，或许初见时为其
在旅途中捕捉壮丽景象的能力所吸引，感觉炫酷非凡。但冷
静思考，它真的会高频使用吗？抑或仅仅是一时兴起，购回
后便束之高阁？

为此，我采纳了一个实用策略来界定两者：**每当心中涌
动强烈的购物冲动时，我便将商品加入虚拟购物车，但暂不
结算，让时间充当裁判**。如果一个月后，那份渴望依旧热烈，
这表明它是真正的"需求"，值得拥有；反之，若热情消退，
它便仅仅是转瞬即逝的"欲望"，我只需轻轻一点，从购物
车中优雅"释放"，使其不再占据我心中的位置与未来的
预算。

※ 第二个习惯：提升认知

我们都知道"选择大于努力"。那么如何才能选对行业，
选对项目，选对合适的合作伙伴，甚至写一本书的时候选对

正确的选题呢？答案是：提升认知。

提升认知可以通过两个路径来实现。

第一，多读书。

正如查理·芒格所形容的，沃伦·巴菲特仿佛是一个移动的图书馆，他的智慧很大程度上源自他对书籍的热爱与深度阅读。诚然，社会上不乏"书中观点未必皆正确"的声音，但须知，国内正规出版的每一本书籍在面世前，均须经过严格的三审三校一读的流程，确保内容的准确性和逻辑性。相比网络上零散、未经严格审核的信息，书籍在内容的精确度与结构层次上通常具有无可比拟的优势。

更进一步讲，书籍能提供系统性的知识框架和深度见解，促进读者形成更为全面和深入的理解，而非仅仅停留在表面信息的摄取。通过阅读书籍，你不仅能够吸收前人的智慧结晶，还能在不同思想的碰撞中激发新的思考，这种深度与广度的结合，是阅览碎片化信息难以比拟的。阅读书籍能潜移默化地提升个人的思维能力和决策质量，为构建坚实的经济基础和心理韧性提供不可或缺的智力支持。

林语堂曾说："**读书，开茅塞，除鄙见，得新知，增学问，广识见，养性灵。**"

第二，多见人。

小米的创始人雷军说过，面对未知与难题，主动寻求他人的智慧尤为重要。在构建经济基础的实践道路上，如果我们遇到困惑或不确定如何前行，最直接有效的方法就是向身边那些在这方面已经取得显著成就的人讨教。

年少的史蒂夫·乔布斯，尚在高中求学之时，便勇于跨越界限，仅凭一通电话便与惠普的首席执行官比尔·休利特搭上了线，此番行动不仅让他获得了在惠普学习技术的宝贵机会，也为他日后创办苹果公司埋下了伏笔。

美国学者托马斯·科里指出，**我们社交圈的成就水平，往往是衡量我们自身成功的一个标尺。**

人与人之间的影响，如同流水般相互渗透。

与优秀的人来往，你才会拥有更高水平的认知，更容易做对选择，变得更优秀。

※ 第三个习惯：审慎地投资

你可能听过一句话，叫作："**生活上抠抠搜搜，投资上挥金如土。**"

如果你尚属投资新手，务必谨慎涉足。建议起初仅以储蓄额的 5% 作为探路资金，以此尝试了解某个投资领域。

回溯至 2015 年，国内市场迎来一波牛市热潮，办公室的日常对话几乎都被"午间股市谈"占据，同事们热衷于分享各自买入的股票及其盈利情况，彼此间的比较和炫耀屡见不鲜。

彼时，我深谙自身对股市认知有限，故而决定仅投入

5000元作为股市学习的"入门费"。短短 3 个月，随着持股价值翻倍至 10000 元，我成了同事们眼中"过于保守"的对象，他们纷纷质疑为何我不愿加大投资。

然而，好景不长，上证指数随后急剧下滑，那 10000 元迅速缩水至 2000 元。这个经历让我深刻领悟到华尔街的一项冷酷法则——"80/50 法则"，即在牛市之后，大约 80% 的股票会从峰值下跌至少 50%，更有 50% 的股票跌幅会达到 80% 以上。

我暗自庆幸，相较于那些推崇"all in"（全仓投入）的同事，我的小规模尝试——实际亏损 3000 元，为我换取了宝贵的股市教育。自此，我遵循巴菲特的智慧，作为普通投资者，专注于指数基金投资，远离个股的直接买卖，这成为我投资策略的坚实基石。

最后的话

在财富累积的征途上，每一个选择都铺就了通往自由的道路。**真正的财富不仅是金钱的累积，更是心智的成熟。**通过践行节俭、储蓄，区分需求与欲望，提升个人认知以及坚持审慎地投资的原则，你将逐步构建起不仅稳固而且富有韧性的经济城堡，让心灵在经济安全感的港湾中愈发强大。

5.4 掌握可控的生活节奏

你有理想的生活节奏吗？

它应该是**令你舒服**的，符合你内心**目标**的，**让你每天都有获得感**的。在快节奏与高压力的现代社会，我们往往被外界的喧嚣推着走，忘了停下来思考，什么才是真正适合自己的步伐。

理想的生活节奏，不是别人眼中的"应该"，而是你内心深处的"想要"。

在我看来，理想的生活节奏要满足三个条件：**时间自由，地点自由，精神自由。**

※ 三个自由

时间自由，意味着你能够掌控自己的时间表，不必受制于他人的期望或外部强加的时限。你可以灵活安排工作与休息，确保有充足的时间用于个人成长、家庭陪伴或纯粹的休闲娱乐。早晨不必在刺耳的闹铃声中惊醒，夜晚也不必因明日的繁忙而焦虑难眠。你有权利决定何时开始工作，何时停下脚步，享受一杯咖啡或是一本好书，让时间成为你的盟友，而非敌人。

地点自由，则是能够在任何你感到舒适与启发灵感的地方生活与工作。这不仅仅是空间上的自由，更是心灵上的释放，知道你不必困守于一方天地，世界之大皆可为家。或许今天你选择在静谧的乡村小屋中创作，明天则移步至繁华都市的咖啡馆与灵感相遇。地点自由赋予了生活无限的可能性，让每一天都充满新鲜感与探索的乐趣。

精神自由，是最为核心的部分，它关乎内心的平和与自我实现。这意味着你能够追求自己真正的兴趣与激情，不受他人眼光的束缚，不为社会常规所限制。精神自由让人勇于表达真实的自我，敢于追求梦想。在这样的状态下，学习成为一种乐趣，创造成为生活的常态，而失败不过是通往成功的另一条路径。你的心灵如同广阔的天空，既能承载乌云，又能绽放彩虹。

以上"三个自由"听起来很美好，但又似乎有些遥不可及，我猜你已经在想，到底如何才能一步步实现？我们不妨按短期简配版和长期高配版来分阶段实现。

※ 短期简配版

这里我定义的短期，是你能在一年中就可以实现的生活节奏。

首先，我们先来看看"时间自由的简配版"要怎样实现？

我在 7 年前就实现了简配版的时间自由，因为我从彼时开始，就养成了每天 5 点早起的习惯。早上 5 点至 6 点，是我每天写作的时间，我会雷打不动地写完至少 500 字后，再出门上班。6 点出头，坐上地铁，舒舒服服地坐在座位上，阅读电子书。第一个到达公司后，办公室里静悄悄，我又从抽屉里拿出跳绳，开始我 20～30 分钟的运动。

你看，只要养成早起的习惯，时间自由的简配版，是不是就能轻易地实现？

那"地点自由的简配版"呢？

即使不能完全实现远程工作，你也可以尝试与上司沟通，争取部分时间在家办公的机会。在我还是一个职场人时，曾经有一段时间我可以在线办公，这段时间里我充分体验到地点自由带给我的便利。

比如，我游走在上海不同的图书馆、咖啡馆；午休的时候，我会为自己点上一杯咖啡，一边听播客，一边漫步在都市街头；临近傍晚，我还可以骑上电动车，等候在儿子的学校门口，顺带实现"接娃自由"。

但要想驾驭"地点自由"也有一定前提条件：你需要高度自律，设定非常清晰的每日目标，否则工作进度落后同样会让你焦虑。

精神自由的简配版从"秘密项目"开始。

我在之前的章节中曾经提到过"秘密项目",它是你在正常工作之外的项目。可以是写一本书,做一个新媒体博主,又或者成为一个独立摄影师。总之,也许它和你的主业没什么关联,但它一定要和你的长期目标有关系。

"秘密项目"可以增加你的"自我复杂性",让你即便在职场遭遇精神暴击,也能保持韧性,而且它还可能会在时间的发酵下逐渐长大,为你实现真正的"三个自由"助力。

※ 长期高配版

很高兴向你分享,我已经部分实现了长期高配版的"三个自由"。我已经出版了 11 本书,其中 2 本还是十万册级别的爆款书。如今,每年的版税收入已经足够覆盖我的日常支出。但为了实现这一目标,我暗暗笃行了"秘密项目"长达 7 年。

时间上,我坚持每天 5 点起床,起床后完成至少 500 字写作的每日最低目标。而且由于不用再坐班,节省了原本长达两三小时的通勤时间;此外,我还与不同的机构合作,开拓写书之外的其他项目。

地点上,我也变得更自由了。我除了可以在上海不同的图书馆、咖啡馆在线办公,还可以在茶卡盐湖、莫高窟、大柴旦翡翠湖……任何你可以想象到的地方在线办公。只要哪里有网络,哪里就是我的在线办公室。

精神上，目前来看，至少再也不用为老板的情绪价值负责了。这也让我不会在半夜 2 点半准时醒来，脱发情况也有了极大的改善，更不用因为忍受过多的负面能量而独自按摩膻中穴，来纾解胸中的郁气。

我是通过写作来逐渐实现长期高配版的"三个自由"，你又该如何实现呢？

你可以借鉴一个原则和三个工具。

一个原则是，你做的这个秘密项目必须符合三个条件：一次投入多次产出；在线就能完成；不会给你带来大量精神干扰。

一次投入多次产出，是指这个项目的成果应当能够持续为你带来收益，无须你每次重复劳动。比如创作电子书、开设在线课程，或是创建一个能持续产生广告收入的新媒体账号。这些努力一旦完成，便能像"睡后收入"一样，在未来的时间里不断回馈于你。

在线就能完成，意味着这个项目不会受限于地理位置，你可以随时随地工作，不受物理空间的约束。这样无论你身处何地，都能远程交付。

不会给你带来大量精神干扰，则强调了项目本身应当是令你感到愉悦和满足的，它应当促进你的个人成长和心灵平静，而不应成为另一个压力来源。你只有选择那些与你的兴趣、激情相契合的项目，这样即使在面临挑战时，你也能够乐在其中，保持积极向上的心态。

三个工具分别是：三环合一法、先加法再减法、37% 试错法则。

三环合一法的三个环，分别是指你在这件事情上有热情的、这个社会有需要的以及你擅长的。当这三个环叠加在一起后，它们的交集就可以成为你主攻项目的方向。如果你实在找不到三环合一，你也可以寻找"你有热情"和"社会需要"这两个环的交集。当你在有热情的领域里刻意练习，把它变成你擅长的只是时间问题。

比如对我来说，在 2015 年的时候，我一周只能写 500 字，后来逐步进步到一周可以写 1 300 字。随后每天 500 字也不在话下，而如今每天不写完 3 000 字，我就会浑身不舒服。

先加法再减法，择一宁静的周末午后，确保有连续 3 小时的专注时光，不受任何干扰。在这段专属时段里，悉数罗列你热衷且擅长的活动，诸如摄影、幻灯片制作、漫画绘制等，力求列举不少于 30 项兴趣。

随后步入精简环节，仔细审视清单，剔除那些你缺乏持久热情的事项，直至仅余 5 项核心爱好。此时，你需要深入考虑这 5 项中的哪一个或哪几个具备转化为经济来源的潜力。最终留存的一两项，极有可能就是你的长期事业方向。

37% 试错法则。人生如一场漫长的旅程，37% 试错法则能为我们提供探索与选择的平衡点。**在旅程前 37% 的时间**

里，我们应保持开放的心态，尽情探索各种可能性，审慎观察，并铭记那些最令你心动的选项。一旦跨越 **37%** 的关键节点，遇见与理想匹配度相近的机缘时，便应果断把握，不再踟蹰。

以一名 25 岁步入职场、预计 60 岁退休的大学生为例，在其 35 年的职业生涯旅程中，37% 的关键节点落在了工作的第 13 年，38 岁左右。因此，若你还未满 38 岁，大可放手尝试，探寻自己真正的人生使命。而年逾 38 岁的朋友，也无须焦虑，回望过往，从那些曾给予你深刻满足感的经历中选取一项，或许它未能达至理想化境界，也能为你提供一条接近完美的第二路径。

最后的话

路虽远，行则必至；事虽难，做则必成。

追求理想的步伐，不拘于形式，不役于物，它是你的一场内心觉醒，一场对生活主导权的温柔夺回。时间、地点、精神自由，不仅是对生活方式的重构，更是对生命质量的深刻提升。

变化始于脚下微小而坚定的步伐，理想生活并非遥不可及的幻影，而是从今日起始，一步步精心勾勒而成。

你在实现目标以外的事情上花费的时间越多，你未来就越没有时间去实现目标。

用心审视，勇敢实践，祝你早日掌握可控的生活节奏。

5.5 真希望，你也有不受力的人生

行书至尾声，在即将与你话别之际，我殷切期望你不是一位匆匆浏览的观光客，而是能将书中关于实现"不受力人生"的哲学、策略、系统框架及实用工具悉数吸纳的人，让它们成为你生命肌理中不可或缺的一部分。

愿在未来的日子里，当生活与工作的重担再度来袭时，你能凭借这份内在的力量，敏锐洞察、从容应对，拥有既定之策与坚实的防御之盾，更重要的是，你会愈发感受到那份由内而外、不为外物所动的从容与坚定。

在此终篇，我愿赠予你一份精炼的本书复习指南，它不仅是知识的汇总，更是行动的催化剂。无论何时何地，当你感到迷惘或须重温这些智慧时，请翻到这一页。

※ 八种不受力的人生态度

→ 第一种态度：不内耗。

不内耗的强者思维：允许一切发生！

从第一境界到第二境界：你有你的计划，世界另有计划！

从第二境界到第三境界：所有的发生，都自有它的意义。

从第三境界到第四境界：通透思考，果敢行动。

他强任他强，清风拂山岗，他横任他横，明月照大江。

➡ <u>**第二种态度：不焦虑**</u>。

三句话破除焦虑：

第一句话：我们绝大多数的焦虑，终归只是虚惊一场。

第二句话：如果站在 10 年的尺度、宇宙的尺度，这件事情还是事儿吗？

第三句话：一困惑，迈步外出；一具体，入微见著；一行动，创变自来。

悲观者，困于当下；乐观者，赢得未来。

➡ <u>**第三种态度：不讨好**</u>。

三个策略摆脱三类讨好型人格：

针对认知型讨好：摒弃"应该模式"，将"应该"替换为"如果我愿意，我可以选择……"

针对习惯型讨好：学会拒绝，运用拖延策略，随着时间推移，对方自然明白你的立场。

针对逃避型讨好：学会自我肯定，撰写成功日记，让自己的成就可视化。

你值得被世界温柔以待，但这首先源于你对自己的温柔与尊重。

➡ **第四种态度：不执著。**

先完成再完美：

针对过高期待：提高总体期待，降低具体期待。

针对纠结不放：针对无法挽回的事件，学会接受和放下，将焦点转移到如何从中吸取教训；对于有补救余地的事件，践行"导航思维"，立即采取行动，制订具体的行动计划。

针对害怕犯错：践行"二进制思维"，重新定义成功与失败的边界，不再追求每个细节的无瑕，而是着眼于任务完成。

取得领先的秘诀是先开始。——马克·吐温

➡ **第五种态度：不干预。**

学会"课题分离"：

第一个关键：明确界限，认识自我课题。

第二个关键：有效沟通，表达而非命令。

第三个关键：做好心理建设，宣布和明确底线。

第四个关键：建立反馈机制。

在这个喧嚣的世界上，守好心中的宁静，心静人自安，稳居天地间。

➡ **第六种态度：不应激。**

践行屏蔽力五步走：

第一步：自我觉察，意识到自己正处于情绪即将失控的边缘。

第二步：情绪接纳，接纳和正常化自己的情绪，而不是抗拒或压抑。

第三步：聚焦解决，不是陷入问题本身，而是找到解决问题的路径。

第四步：重构解读，对当前的情境进行重新评估和解读。

第五步：采取行动，基于冷静分析与情绪调整，果断采取具体行动。

不是所有风暴都能将你淹没，有时它们只是帮你洗净铅华，让你更加耀眼。

➡ 第七种态度：不抱怨。

从"情绪黑洞"到"发光体"：

策略一：在认知上，选择合理运用"转念四象限"。

策略二：在行为上，通过管理社交坐标系，刻意和"发光体"靠近。

策略三：在日常行动中，选择每晚睡觉前写"感恩日记"，成为"发光体"本"体"。

不要抱怨生活，强者从不抱怨生活。

➡ 第八种态度：不争辩。

不与"三季人"论短长：

第一步，践行"刺激与回应之间存在一段距离，成长与幸福的关键就在那里"，提醒自己先缓一缓，别让情绪立刻反应。

第二步，做出"选择"——终止对话，或在对话需要继续时考量自己的目标、对话的潜在收益以及可能的代价。

第三步，重构沟通。为了维持关系和因为工作的职责所在采用包容性和合作性的沟通方式。

天下只有一种方法能得到辩论的最大胜利，那就是像避开毒蛇和地震一样，尽量去避免争论。——戴尔·卡耐基

※ 冲破受力十大场景

➡ 场景一：总是在意别人的评价，怎么办

本质：

第一层，来自对外部世界的需求，即对归属与认同的渴望。

第二层，来自对内部世界的需求，即对自我价值与认同的确认。

解决方案：

策略一：构建正向的支持网络。与一群频率相同、产生灵魂共鸣的伙伴携手前行。

策略二：事以密成，语以泄败。避免别人品头论足，自己悄悄进行秘密项目。

策略三：做长期主义者，修建自己的护城河。

你的价值，不在于别人的评价，而在于你为这个世界带来了什么。

➡ **场景二：总忍不住和别人作比较，怎么办**

脑科学：

比赢了，伏隔核释放多巴胺，带来愉悦感和满足感。

比输了，杏仁核活跃，大脑释放压力激素皮质醇，引发焦虑和不满。

心理学：

长期的上行比较会损害个体的心理健康，降低生活满意度。

适当的下行比较则能提升自尊和幸福感。

摆脱比较焦虑的应对心法：

心法一：理解，各有各的好，各有各的恼。

心法二：转化，将"比较焦虑"转化为成长燃料。

不在比较中沉沦，只在比较中成长。

➡ **场景三：对事情太认真、太上心，心很累，怎么办**

三大原因：

原因一，高成就动机。

原因二，完美主义倾向。

原因三，缺乏安全感。

安心八步法：

第一步，寻找自我认知。

第二步，设定现实目标。

第三步，调整自我对话。

第四步，建立支持系统。

第五步，练习正念冥想。

第六步，逐步挑战自我。

第七步，记录你的进步。

第八步，接受不太完美。

最好的自己，不是在追求完美的疲惫中胜出，而是在我们能否温柔地对待自己，勇敢地拥抱每一个不完美的瞬间，活出独一份儿的精彩。

➡ 场景四：对已经发生的失误很介怀，放不过自己，怎么办

本质：心理反刍。

三招脱困：

第一招，心理解离。角色扮演，让事实与感受分离，做仁慈对话。

第二招，动起来。从静止到活动，进入绿地走走，进行较高强度的运动。

第三招，念"咒语"：改变可以改变的，接受无法改变的，如果你一时无法接受，又无法改变，那就暂时放一放。

念念不忘，不必有回响；每一次的放下，都是为了更好的拿起。

➡ **场景五：对未发生的事情焦虑到失眠，怎么办**

本质：预期性焦虑。

走出预期性焦虑的两个策略：

策略一：相信概率。尝试以统计学的视角重新评估将要面对的事件。

策略二：放下对确定性的执念。告诉自己"尽人事，听天命""对过程苛刻，对结果释怀"。

勇气不是没有恐惧，而是面对恐惧时能够坚定地迈出下一步。

➡ **场景六：总爱揣测别人的想法，生怕做错事得罪人，怎么办**

三个要素：

要素一：个人成长环境。

要素二：内心深处的不安全感。

要素三：过度自我反省的习惯。

三步修炼你的钝感力：

步骤一：认知调整与接纳自我。接纳自己目前的敏感特质，视之为成长历程与环境影响的产物，而非个人的缺陷。

步骤二：练习正念与情绪管理。集中注意力于每一次呼吸，以一种非评判性的态度观察自己的思绪流动，以此帮助自己摆脱过度揣测的思维陷阱，重新锚定于当下的现实。

步骤三：建立正向社交互动模式。直接而礼貌地开启对话，主动搜寻并珍惜来自外界的每一份肯定，同时也慷慨地向周围人播撒赞美与鼓舞。

以平常心看世事，用钝感力过生活。

➡ 场景七：遇到不公平的事情，不敢讲，怎么办

三大原因：

原因一：自我怀疑。

原因二：恐惧。

原因三：缺少合适的表达策略。

科学应对不公平的三种策略：

第一个策略：自我反思和成就清单。

第二个策略：寻求支持与建立联盟。

第三个策略：提升表达技巧（第一步，情绪管理；第二步，结构化表达；第三步，激发对方的善意）。

不要畏惧阴影，因为它暗示着不远处有光。

➡ 场景八：职场中被边缘化，怎么办

本质：

被边缘化的本质是一种情感上的疏离，这种疏离在潜意识中逐渐削弱你的自我认同感和归属感，使你感到与周围环境的联系变得脆弱甚至断裂。

向外求解：

与人相关，两件事：第一件事，你可以选择主动出击，寻求与新领导建立直接的沟通渠道；第二件事，在大量新人入职之际，你可以积极地去和这些新面孔连接。

与事相关，五个行动：持续学习与提升技能；转型与重新定位；构建跨部门合作网络；主动担当问题解决者；塑造个人品牌。

向内求解：

策略一：提升你的自我复杂性。

策略二：降低期待。

真正的力量不在于外界的认可，而源于内心的坚定与自我超越的勇气。

➡ **场景九：被领导 PUA，怎么办**

三个体现：

第一，总想让你下班后也"工作"。

第二，不断贬低和打压你。

第三，不断强调外部环境不好。

如何对抗职场 PUA：

对内的修炼，拥有"三感"：自我认同感、自我效能感、自我价值感。

对外的应对，践行"三招"：有门槛的答应、增值回转法、逃生舱原则。

生活总是让我们遍体鳞伤，但到后来，那些受伤的地方一定会变成我们最强壮的地方。——海明威

➡ 场景十：育儿理念与长辈严重冲突，怎么办

本质：

在"爱的诠释"上存在差异，没有得到妥善处理。

与爱人结为同盟的六个步骤：

第一步，私下沟通。

第二步，共同呈现。

第三步，尊重与感激。

第四步，灵活变通，求同存异。

第五步，设立边界，明确责任。

第六步，持续沟通与反馈。

三个场景方案：

场景一：你们住在一方长辈家里，寄人篱下。——解决方案：提高收入，搬出去住。

场景二：孩子还比较小，双职工家庭没人带孩子——解决方案：提前规划和分工。

场景三：由于种种原因，不得不与长辈相处——解决方案：第一，降低期待值；第二，避免当着长辈的面与爱人对育儿方式发生争执。

家，绝非是没有风暴的所在，而是须学会在风暴中蹁跹起舞的港湾。

※ 不受力人生的五种工具

➡ 工具一：自我探索日志

第一步：事件记录。

第二步：情绪感知。

第三步：深入觉察。

第四步：行动规划。

四个原则：定时写作、诚实面对、保持开放性、反思与回顾。

未经审视的生活不值得过。——苏格拉底

➡ <u>工具二：正念冥想</u>

六点践行正念冥想

第一，设立固定时间。

第二，找一个静谧的空间。

第三，采取舒适的姿势。

第四，聚焦于呼吸。

第五，使用指导音频或应用程序。

第六，持之以恒。

未来不迎，当下不杂，既过不恋。——曾国藩

➡ <u>工具三：情绪 ABCDE 理论</u>

践行情绪 ABCDE 理论

A 代表 Antecedent（前因）

B 代表 Belief（信念）

C 代表 Consequence（后果）

D 代表 Disputation（争辩）

E 代表 Exchange（替换）

情绪的舵手并非外部事件本身，而是我们内心的信念体系。

➡ **工具四：接受和承诺疗法**

接受和承诺疗法的六边形模型：

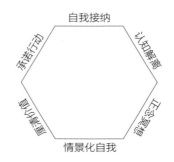

真正的力量源于接受自己的脆弱，承诺于自己的成长，活出每一次呼吸间的坚韧与美好。

➡ **工具五：运动**

三招，从"知道"到"做到"

第一招：给自己选择权。

第二招：从 1 分钟运动开始。

第三招：践行"三个固定"。

人生路遇低潮，与其沉溺于悲伤，不如以运动为伴，步步前行。

※ 不受力人生的支撑系统

➡ 支柱一：拥有稳定的情绪资源

短期：四种快乐激素，让你实现生理性开源

- 多巴胺，一种奖励激素，它能让你产生欲望并驱动你去行动。
- 内啡肽，宛如自然界的吗啡，担当着卓越的内在镇痛师角色。
- 血清素，情绪调节的高手，心情的稳定器。
- 催产素，"社交黏合剂"，在人际互动的温暖瞬间悄然释放。

长期：渐进式胜利，令你跨期实现心理性开源

将负面情绪炼化为推动前行的动力引擎。

你的情绪是自己的自留地，可不是别人的跑马场。

➡ 支柱二：积累丰富的知识储备

从心理学开始，构建稳固而深远的认知框架

- 理解思维方式
- 理解情感
- 理解行为动机

真正的智慧不仅仅是知识的累积，更是在于理解、同情与行动的完美融合。

➡ 支柱三：构建足够的经济基础

三个行之有效的富有习惯

第一个习惯：克制，包括节俭、储蓄、分得清"需求"和"欲望"。

第二个习惯：提升认知，包括多读书和多见人。

第三个习惯：审慎地投资。

真正的财富不仅是金钱的累积，更是心智的成熟。

➡ <u>支柱四：掌握可控的生活节奏</u>

三个自由：时间自由、地点自由、精神自由。

短期简配版：每天早起，利用清晨时光；争取在家办公的机会；践行秘密项目。

长期高配版：一个原则（秘密项目必须符合三个条件：一次投入多次产出；在线就能完成；不会给你带来大量精神干扰）和三个工具（三环合一法、先加法再减法、37%试错法则）。

路虽远，行则必至；事虽难，做则必成。

最后的话

好了，到这里为止，我们的总复习也结束了。

但人生不是一场考试，而是一场又一场持续的体验。

希望你在这些体验中，脚步轻盈，眼中有光，心中有策略，运用这些策略，成为更好的自己。

真希望，你也有不受力的人生！

"我相信你的爱"，让这句话做我最后的话。——泰戈尔

后　记

这是我写完的第 15 本书，根据我完成 50 本书的目标，目前的完成进度为 30%。

这是一本完成得特别酣畅淋漓的书，因为梳理"精神受力"这个话题本身对我自己来说，也是一种疗愈。

在我将近 20 年的职场生涯中，我也曾亲身经历过内耗、焦虑、讨好、执著、干预、应激、抱怨、争辩等种种挑战。正因为有过这些经历，在我撰写这些内容时，我能深切体会到其中的情感起伏，仿佛回到那些时刻，感同身受。因此，写作这本书的过程，就像是现在的我，一个 40 岁的人，正在给 30 岁的自己写信，分享这些年来我在心理学研究、结构化思考以及生活经验方面的收获。

我希望以一种十年前的自己更容易接受的方式，将这些宝贵的"营养"传递给读者。这本书不仅仅是我个人经验的总结，更是一份礼物，希望能启发更多人在面对类似挑战时，找到前进的方向。

与此同时，我还想特别感谢我的 18 位贵人。

第 1 位和第 2 位贵人，是机械工业出版社的李双磊和侯春鹏老师。有一天晚上，我在刷手机的时候，刷到了机械工业出版社的直播间，于是我在后台留了言，没想到，当天晚上李主任就立刻联系了我。侯老师也用最快的速度在内部走完了选题审批的全部流程。更让我没想到的是，两位老师竟然大老远从北京来到上海，我们在上海静安寺附近的一家咖啡馆进行了酣畅淋漓的交流。

第 3 到第 15 位贵人，分别是我的前领导们，他们是：张一平、邱正伟、万久平、何少平、尹俊、秦诗慧、谈震明、杨红春、孙鹏、Winnie、张凯、Nancy、Chris。感恩你们曾与我的互动，这正是我写作灵感的来源，让我有机会深入思考，并从中汲取养分。感谢你们！

此外，我还必须感谢我的爱人——**王怡女士**，以及现在已经长大成为初中生的小伙子**何昊伦**。在撰写这本书的日日夜夜里，你们既是我的后盾，又是我的精神寄托。家庭的美满治愈了我，让我成为一个发光体，发光体可以治愈更多有需要的伙伴。这份来自家庭的深沉爱意与无价支持，让我的心中充满了无比的感激与幸福。

最后一位贵人，**我想特别感谢此刻正在阅读这些文字的你**。你的每一次翻页、每一次沉思，都是对我最大的鼓舞与肯定。你，作为这本书的最终接收者，同时也是我成长路上不可或缺的贵人。我衷心希望，通过这些文字，通过践行这本书中的处世态度、场景策略、心理工具和支撑系统，你能够真正拥有不受力的人生。

　　愿本书成为你心灵旅程中的良伴，引领你走向更加平和与自在的生活。

　　最后的最后，我想说，**借助这本书的交流只是我们成就彼此的开始，因为人生所有的修炼只为在更高的地方遇见你。**如果你愿意进一步探讨不受力人生的策略，或仅仅希望分享你的故事与感悟，我诚挚邀请你通过微信（ID：hehaolun2010）与我建立更深的连接。

何圣君

2024 年 10 月于上海

参考文献

［1］布莱克. 取悦症：不懂拒绝的老好人 ［M］. 姜文波，译. 北京：机械工业出版社，2015.

［2］毕淑敏. 女心理师 ［M］. 北京：人民文学出版社，2021.

［3］张爱玲. 红玫瑰与白玫瑰 ［M］. 北京：北京十月文艺出版社，2019.

［4］贝克，克拉克. 这样想不焦虑 ［M］. 郑晓芳，宋梦姣，译. 北京：人民邮电出版社，2023.

［5］太宰治. 人间失格 ［M］. 杨伟，译. 北京：作家出版社，2015.

［6］盖斯. 如何成为不完美主义者 ［M］. 南昌：江西人民出版社，2021.

［7］舍费尔. 小狗钱钱 ［M］. 文燚，译. 北京：中信出版社，2021.

［8］黄启团. 改变人生的谈话 ［M］. 北京：中信出版社，2021.

［9］何圣君. 不强势的勇气：如何控制你的控制欲 ［M］. 北京：人民邮电出版社，2023.

［10］渡边淳一. 钝感力 ［M］. 李迎跃，译. 青岛：青岛出版社，2018.

［11］本 - 沙哈尔. 幸福的方法 ［M］. 汪冰，刘骏杰，等译. 北京：中信出版社，2022.

［12］熊太行. 掌控关系：人人都需要的关系百科 ［M］. 北京：中国友谊出版公司，2019.

［13］普迪科姆. 十分钟冥想 ［M］. 王俊兰，王彦又，译. 北京：机械工业出版社，2020.

［14］麦格尼格尔. 自控力：斯坦福大学广受欢迎的心理学课程 ［M］.
王岑卉，译. 北京：北京联合出版有限公司，2021.

［15］戴博德. 蛤蟆先生去看心理医生 ［M］. 陈赢，译. 天津：天津人
民出版社，2020.

［16］村上春树. 当我谈跑步时我谈些什么 ［M］. 施小炜，译. 海口：
南海出版公司，2015.

［17］何圣君. 行为上瘾：拿得起，放得下的心理学秘密 ［M］. 北京：
中国华侨出版社，2019.

［18］何圣君. 自律上瘾：用自律拿到结果的 28 个逆袭策略 ［M］. 北
京：中国科学技术出版社，2024.